鐵路的迷你世界

鐵路模型

王華南 著

HELVETIA

1972　NIPPON

日本郵便　鉄道100年記念　20

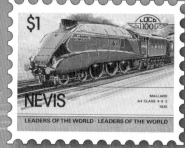

$1　LOCO 100

NEVIS

MALLARD
A4 CLASS 4-6-2
1936

LEADERS OF THE WORLD · LEADERS OF THE WORLD

國家圖書館出版品預行編目資料

鐵路的迷你世界——鐵路模型／

王華南 著　初版--臺北市：信實文化行銷，2008.09

面；公分．

ISBN: 978-986-6620-13-3 （平裝）

1.鐵路 2.鐵路車輛 3.模型

442.52　　　　　　　　　　　　97013727

What's IN 003

鐵路的迷你世界——鐵路模型

作　者：王華南

總編輯：許汝紘

主　編：胡元媛

執　編：黃心宜

美　編：董子瑈

發　行：楊伯江、許麗雪

出　版：信實文化行銷有限公司

地　址：台北市大安區忠孝東路四段341號11樓之三

電　話：（02）2740-3939

傳　真：（02）2777-1413

http://www. cultuspeak.com.tw

E-Mail：cultuspeak@cultuspeak.com.tw

劃撥帳號：50040687信實文化行銷有限公司

松霖印刷（02）2240-5000

圖書總經銷：時報文化出版企業股份有限公司

中和市連城路134巷16號

電話：（02）2306-6842

CONTENTS

作者 序

PART. I 「鐵路模型」或「模型鐵路」 *10*

❶ 2003年7月筆者在西日本旅客鉄道的岡山驛（車站）前攝影留念，背景是日本童話故事「桃太郎」銅像。當地人士自稱岡山是古老的傳說故事「桃太郎」的發源地，岡山地區自明治時代以後開始種植水蜜桃，目前成為水蜜桃著名產地之一。

❷ 2003年7月筆者在西日本旅客鉄道岡山驛（車站）月台巧遇將開往四國島的跨越瀨戶內海列車「マリンライナー」（MARINE LINER岡山駅～高松駅），車身漆桃紅色、車頭下方的彩繪採用「桃太郎」童話故事的卡通人物和動物造型，由左至右是猿猴、鬼、桃太郎、雉雞、犬。

PART.③ 第三篇、鐵路機關車及列車之經典、限量版模型 *120*

❶

❷

作者 序

　　筆者小時候家住淡水線的台北市長安西路平交道旁，每當平交道的警鈴噹噹響起、柵欄放下時，就吸引筆者出來看火車，那時在平交道的北側還設有「長安」一站（僅有一側小月台）供一節柴油客車停靠，目前這節柴油客車（車身上半部漆黃色、下半部漆青色）被存放於台北市市民大道和太原路交口小空地上，「看火車」成為我在小時候的最愛。初中就讀大同中學時參加集郵社團，指導老師介紹當時才開始興起的「集專題郵票」，他還特別叮嚀集郵的同學要先選擇自己最喜歡的專題去收集，因為只有真正的興趣才能持久，而持續收集往後才有成績。筆者牢牢記住這段話，於是選擇最愛的「鐵路」做為第一個專題。進了台大，加入集郵筆友社團，還擔任過兩屆社長，在校內舉辦過三次郵展、出版集郵刊物，因而獲得校方頒發課外活動優良獎章。服完兵役，進入銀行工作，直到五十四歲退休，在這段期間「集郵」和收藏「鐵路模型車輛」成為最主要的休閒活動，1980年代正值台灣經濟起飛期，銀行待遇幾乎年年調升，每年又加發4.6個月獎金，筆者就利用這筆獎金購買價格較昂貴的珍藏版「鐵路模型車輛」或參加國外拍賣會競標集郵品。因長期購買，筆者成為「鐵路模型店」和歐美郵商的VIP好客戶，所以店家進了珍藏版、限量版的好東西都會優先通知，筆者的購買率約在八成以上，因此累積了不少令同好羨慕的珍罕品。近年來，一些同好知道筆者勤於寫作，就建議筆者寫一本有關「模型鐵路車輛」的書，順便介紹筆者收藏的珍罕品。

　　筆者深知在台灣有不少一般所謂的鐵道迷（台語稱為「火車悾」〔ㄏㄨㄟˋ ㄑㄧㄚ-ㄎㄛㄥhue-tsiā-khɔng〕），但是迷到收集鐵路專題郵票或模型車輛者卻是少數的小眾，出版商光憑此數據根本沒有出書意願。筆者算是幸運受到肯定，在2007年7月以「聽音樂家在郵票裡說故事」一書榮獲新聞局「最佳著作人獎」入圍，筆者曾接受各無線電台和蘋果日報的專訪（該報以整版介紹筆者和收藏品），華滋出版的許社長當然對筆者所著作的書有一定程度的信心。「出書容易賣書難」這是目前出版界共同的心聲，所以開發新客源成為當務之急，筆者向許社長提議是否考慮將出版範圍延伸到高雅趣味的「鐵路模型」，筆者附帶提議會找「鐵路模型店」的頭家共襄盛舉，許社長也很認同。於是筆者積極和近年才成立門市部的「阿立圓山玩具模型店」林老闆接洽，林老闆兼任國小老師，也是一位「鐵路模型」的超級玩家，頗有將生意作大的理念。筆者去該店門市部選購時，經常遇到想入門的顧客，其中有不少是小朋友從網站知道後，由家長陪同來店參觀，當然都會提出許多問題，想入門者和家長都希望先買一本簡介或入門的書做參考，目前在台灣只有某品牌進口商出了一本介紹該品牌的入門書，因為以文字敘述為主、只附幾張黑白圖片而已，實在很難引起購買慾。筆者就為此事和林老闆商量，筆者

提議出一本內容生動有趣並附大量精美彩色圖片的「模型鐵路書」，除了有入門、進階介紹，也有吸引行家的珍貴資料和圖片，林老闆認為好主意，於是以贊助者身份願意在本書登廣告，筆者在此謹向林老闆致最高敬意。

本書分為三大部分：

◎第一篇介紹「鐵路模型」如何「吸引人」、運轉、種類區分、比例款式以及如何入門和擴充。

◎第二篇介紹世界上最著名及最有人氣的鐵路機關車及列車，除了圖片還記述許多有趣的歷史故事，包括：

1.夢想成真的「亞細亞號」特快列車（當年曾經是世界上最豪華的客運列車）

2.世界最豪華的客運列車—南非的「青藍列車」

3.歐洲跨國合作的「東方快車」

4.歐洲跨國合作的「穿梭歐洲快車」

5.德國的萊因金特快列車

6.窄軌鐵路最快速的蒸汽機關車—日本的「C62型蒸汽機關車」

7.日本國有鐵道最快速的長途特急列車—「燕」號

8.日本最豪華的夜行列車—「北斗星」寢台特急列車

◎第三篇介紹筆者收藏的限量版模型鐵路車輛：

Fleischmann（德國的富來許曼，品質被公認為世界第一）、

ARNOLD（德國的阿諾德）、MINITRIX（德國的迷你翠克斯）、

「KATO」（日本的加藤）

附記：書中圖片包括筆者收集的鐵路專題郵票、明信片、鐵路模型車輛等，至於和日本有關的列車照片由在日本留學的大兒子「相勛」於旅遊途中拍攝得到。

PART.1
「鐵路模型」或「模型鐵路」

鐵路的迷你世界以三度空間（立體）而言，就是「鐵路模型」或「模型鐵路」。鐵路的迷你世界以兩度空間（平面）而言，就是「鐵路專題郵票」。

上述兩者，各有迷人之處，有人迷到不可收拾的地步，稱為「超級鐵路迷」，就是自己下海開「鐵路模型店」或「郵票店」。本書就帶領諸位讀者欣賞不知迷了幾多人的鐵路迷你世界。

CHAPTER.1
「比例模型」

「鐵路模型」或（「模型鐵路」）屬於「比例模型」其中的一大類

 ### 1★「比例模型」所表現的就是：「具體而微」與「力求逼真」

　　「比例模型」的英文稱為scale model，scale就是比例、縮尺之意，model就是模型之意。模型最簡單的解釋就是「具體而微之物」，也就是比實體小的模仿造型物，當然也有比實體大或相同大小的模仿造物。比實體大的模型最常見者就是分子、原子結構的放大模型等教具，而製造汽車的鋼殼模具就是和實體的尺寸相同。總而言之，「比例模型」是指按實體尺寸的一定比例而縮小的模仿造物，而「模型比例」就是為了製造某一種類的模型所必須採用的一定標準縮尺比例，為因應不同的實體必須縮到各種尺寸，所以產生各種不同的縮尺比例。

　　製作「比例模型」的目標就是展現高精密度「力求逼真」。

 ### 2★先進國家立法獎勵製造「模型」

　　一般人以為「模型」和「玩具」沒啥區別，按實體縮小的就是「模型」，不按實體自行創作的就是「玩具」。但在歐美、日本等工業先進國家就制定法律明文規定「模型」的外包裝或是物品本身必須清楚標示縮尺比例，也就是標明「比例」的模型才能享受進口零稅率的特殊優惠，而為何有此優惠呢？原來工業先進國家彼此間最先是為了相互進口各種科學研究和教學所需的比例模型而立法優惠，後來因為研發精密的比例模型可以帶動科技的晉級，而採取「模型」進口零稅率政策也可以讓更多大眾以較低廉的代價享受到科技晉級的成果，使得科技研究和休閒生活有更好的良性互動，因此各工業先進國也鼓勵模型製造商生產精密的、以嗜好收藏為目的的比例模型。

3★製作或搜集「模型」是一種值得鼓勵的嗜好、休閒活動

其實站在教育的立場來看,透過玩賞或製作比例模型可以達到「寓樂於教」的效果,從嗜好的培養激發研究的動機和興趣,所以現代歐美的教育心理學家非常重視學童的優質嗜好,因此在各級學校紛紛成立各種模型同好會,老師經常鼓勵學生按自己的性向和愛好去參加相關社團活動,在日本許多高校(即高中)和大學都有鐵道模型社團。近年來資訊發達,相信很多人都有此耳聞,在美國申請進入有名的大學時,都會遇到口試一關,越是名校、問的範圍越廣。早期有很多亞裔學生在高中學業優秀者被問到有何嗜好?不少亞裔學生都說:「我會彈鋼琴或拉小提琴。」接著主考官問其他呢?幾乎都答得結結巴巴,因而失去進入頂尖名校的機會。筆者有位住在紐約的親戚曾告訴我,他的小孩同班同學總成績比他的小孩差,但是這位同學秀了一張製作模型得到金牌的獎狀,結果進了著名的MIT麻州工業學院。畢竟會作模型的學生是比較符合理工科所要錄取的對象。

CHAPTER.2

「鐵路模型」或是稱為
「模型鐵路」

日文稱為「鐵道模型」，英國、澳洲稱為「Railway modelling」，
美國稱為「Model railroading」，德文稱為「Modelleisenbahn」

 1★「鐵路模型」是值得推廣的怡情和益智休閒活動

在歐美、日本等國家許多退休人士居住的社區都有一些「鐵路模型俱樂部」
或「鐵路模型同好會」等類似社團組織，因為前述國家的社會福利好，不少退休

2007年5月筆者在台北市新生國小藝術季活動展示N比例「鐵路模型」車輛

「鐵路模型」或「模型鐵路」

人士仍然身體健康並且有錢又有閒，社區的社工人員都會鼓勵退休人士參加各種休閒社團的活動，而這些社團組織大都設在社區的公共活動聚會場所，退休人士可以在此做各種怡情活動，認識新朋友、結交同好，使得退休的生活多采多姿、更加充實；換言之，活得更快樂、更有意思。社區提供的公共活動聚會場所正好是擺設「鐵路模型場景」的最佳所在，尤其是日本的居家空間較小，「鐵路模型」同好可以在此擺設較大規模的場景，大夥兒可以將自己珍藏的寶貝「鐵路模型」車輛放在大場景上玩得過癮，遇到假日和前來探望的兒孫一起玩模型鐵路車輛，享受天倫同樂。不少退休人士認為在就職時忙於工作，又為了家庭生活而犧牲自己的休閒活動，退休後總算可以好好地玩一玩，做為自我補償。

近年來稍具規模的「鐵路模型商店」都會提供網站訂購服務，在一定金額以上的訂單免運費送達，於是會員或同好們相約在網上瀏覽後湊足金額下訂單。大夥兒可以利用聚會時間互相討論、交換訊息或意見，參閱社團提供的書刊、資料，增廣見聞、充實知識。能過著這樣有趣、美好的時光，真是優質退休生活的最佳寫照，退休的前輩朋友您心動了嗎？心動不如趕緊行動，大家來體驗一下「玩鐵路模型樂在其中矣」！將要退休的朋友您就不必煩惱在退休之後沒事做了。

目前在台灣只有為數不多的小眾玩「鐵路模型」，如果隨著國民所得的增加，應該還有極大的市場去開發和拓展。

2★鐵路模型如何吸引人

鐵路模型最吸引人的動態情況就是當你把模型車輛連接起來，接著啟動控制器的旋轉鈕或操控桿時，看著模型列車慢慢地動起來，可以前進、也可以後退，快慢運轉都O.K.，哇！車頭燈、車尾燈或是車內燈還會亮啊！

其實更迷人的東西是蒸汽機關車動輪上的連桿，當

啟動時，連桿一前一後、不斷地往返推趕「動輪」，使得機關車前進或後退。更有趣的是內裝電子晶片的機關車還會發出聲響，珍藏版的蒸汽機關車內裝發煙設備，機關車啟動時會冒出白煙。

3★「鐵路模型」的車輛如何運轉

基本上，鐵路模型的車輛需要三樣東西來完成運轉：1.電源控制器、2.軌道、3.導電的動力車輛。

電源控制器其實是一個可以調整電壓大小以及切換正負極的變壓器。軌道是金屬製的，功能除了讓動力車輛在軌道上面之外，同時也扮演和電線相同的傳電角色。動力車輛的內部裝置精密細緻的馬達、傳動齒輪、車輪，通電後馬達將動力傳到傳動齒輪，接著帶動車輪運轉。

如此，就可以透過控制器來控制動力車輛和列車的前進後退還有車速的快慢了。

4★「鐵路模型」的種類區分

廣義的「鐵路模型」包含兩大類，一是由玩家自行組合的「組合零件」；二是由製造廠商做好的「完成品」。

由於「鐵路模型」最主要的鐵路車輛，因零件較複雜（尤其是動力車輛還牽涉到電路）、組合難度頗高，並非一般人能組成，所以製造廠商大都生產完成品（英文稱為ready to run，就是指已經做好的模型車輛成品可以放在模型鐵軌上跑），免得玩家傷腦筋而失去「及時行樂」的興致。

若依動力區分，可分為兩種，一是無動力的靜態款式，「組合零件」大多屬於此款式；二是有動力的動態款式，「完成品」大多屬於此款式。

動態款式的「鐵路模型」依驅動方式又可分為「燃油式」和「電動式」，燃油式用於大比例可乘坐式的鐵路列車，如遊樂園供遊客搭乘的「小火車」；電動式用於小比例的模型鐵路機關車或列車，如純粹供娛樂玩賞用的「迷你型火車」。

早期生產的電動式採用乾電池方式，最初將乾電池放在動力車內，後來改用裝乾電池的控制器來操控運轉。

現今電動式就是將變壓控制器的一條延伸電線連結插頭插入電源插座內，另一條電線接到「鐵路模型」的鐵軌上，控制器可以改變前進或後退方向、調整機關車或列車快慢速度，所以又稱為「通電式的鐵路模型」。

　　「通電式的鐵路模型」依電流方式又可分為「直流電」和「交流電」。「直流電」在英文稱為Direct Current，簡稱DC。在2000年之前，各廠商大都推出DC款式的動力車。「交流電」在英文稱為Alternating Current，簡稱AC。在2000年之後，隨著電子晶片的縮小化，可以裝入動力車內，因此發展出數位化（digital）的鐵路模型系統。「直流電鐵路模型」的鐵軌上理論上只能放一輛動力車，如果放兩輛動力車，則因為轉速不同，跑了一段距離就會產生追撞的情形，即使用兩輛同廠牌同款動力車，照理轉速相同，不應該發生追撞的情形，但是在實際運轉時，速度仍有微差，跑了一段較長距離還是會追撞。為了避免發生追撞情形，於是透過數位化系統控制動力車轉速相同，在較長的鐵軌上甚至可以放三、四輛動力車運轉。隨著電子晶片技術的發展，不論「直流電」式或「交流電」式的車輛（不限於動力車）都可以裝置音效電子晶片，尤其是蒸汽機關車能發出各種不同的汽笛聲、各種不同轉速所產生的運轉音響，最新款的載家禽、家畜模型貨車可以發出家禽、家畜的叫聲。

CHAPTER.3
鐵路模型的比例款式

鐵路模型的比例較常見者如下：

「1：8」（ridable可騎乘式）

「1：16」（庭院式）

「1：12」（庭院式）

「1：24」（G比例是最普遍的庭院式）

「1：32」（Gauge 1 1號軌距比例）

「1：43.5或1：45或1：48」（O號軌距比例）

「1：80或1：87」（HO號軌距比例）

「1：150或1：160」（N比例）

「1：220」（Z比例）

 1992年位於南美洲北部的蓋亞那（GUYANA）為在義大利西北部的港都「熱諾亞」舉行國際郵展（展期1992年9月18~27日，標誌是美洲地圖，紀念哥倫布發現美洲500周年）發行一款世界玩具鐵路車輛（Toy Trains of the World）專題小全張，內含一枚面值＄350的郵票，圖案主題是4號軌距GAUGE（3″英寸762 mm公厘）真的會冒水蒸汽的機關車模型（LIVE STEAM MODEL），1904年德國的「明」（BING）模型鐵路製造商推出0-4-0（4個動輪）關節式（CONTRACTOR'S LOCOMOTIVE以連桿連接2個動輪）機關車。替英國廠牌：「巴塞特-洛克」製造（MFG . FOR BASSETT-LOWKE）。

小全張的下方圖案是兩個男孩在玩附場景的鐵道模型。

 位於西非的獅子山（SIERRA LEONE）在1992年發行一款玩具鐵路車輛（Toy Trains）專題小全張，內含一枚郵票面值Le1000，圖案主題是美國LIONEL廠牌在1928年推出NO.381E標準軌距（ST GAUGE 2 1/8″英寸54mm公厘）的三軌式電動模型（ELECTRIC MODEL），小全張圖案的左上是模型旅館、中上是LIONEL廠牌的標誌、右上是模型餐館、右下和中下是模型小賽車、左下是模型平交道。

 1992年位於南美洲北部的蓋亞那（GUYANA）為在義大利西北部的港都「熱諾亞」舉行國際郵展（展期1992年9月18~27日，標誌是美洲地圖，紀念哥倫布發現美洲500周年）發行一款世界玩具鐵路車輛（Toy Trains of the World）專題小全張，內含一枚面值＄350的郵票，圖案主題是2號軌距GAUGE（2″英寸508mm公厘）的電動模型（ELECTRIC MODEL），1908年德國最著名的模型鐵路製造商「美克林」（MARKLIN）推出齒輪式鐵道（RACK RAILWAY）的高操控台機關車（STEEPLECAB LOCOMOTIVE）。

「鐵路模型」或「模型鐵路」

1992年位於南美洲北部的蓋亞那（GUYANA）為在義大利西北部的港都「熱諾亞」舉行國際郵展（展期1992年9月18-27日，標誌是美洲地圖，紀念哥倫布發現美洲500周年）發行一款世界玩具鐵路專題小全張，內含一枚面值＄350的郵票，圖案主題是1號軌距GAUGE（1 3/4"英寸44.45 mm）真的會冒水蒸汽的機關車模型（LIVE STEAM MODEL），1909年德國的模型鐵路製造商「明」（BING）推出英國大西鐵道（GREAT WESTERN RWY.）「北安普屯郡」（COUNTY OF NORTHAMPTON車軸配置2-2-1）型的蒸汽機關車。替英國廠牌：「巴塞特-洛克」製造（MFG . FOR BASSETT-LOWKE）。

其中最普遍的是「1：87」（HO號軌距比例），其次是「1：150或1：160」（N比例）。「1：48」（O號軌距比例）僅在美國和英國較普遍。日本因為居住空間較小，所以日本廠商大多推出「1：150或1：160」（N比例）的車種，近十年來才推出著名車種普及版的「1：87」（HO號軌距比例）。

1★「1：24」G比例

這是最普遍的庭院式，最初的G比例是德國製造商Ernst Paul Lehman Patentwerk在1968年推出可以鋪設於庭院玩賞的「模型鐵路」，軌距採用45 mm（厘米），德文的品牌稱為Lehmann Grosse Bahn 即「雷曼大鐵路」之意，G比例是來自德文「大」Grosse（相當於英文的great）之第一個字母，也稱為1號軌距。

2★「1：32」Gauge 1 1號軌距比例

這是歐洲製造廠商在20世紀初期推出，因為週邊設備採用1/32比例，所以稱為「1：32」的「模型鐵路」，但是軌距和G比例相同使用45 mm（厘米）。

Toy Trains of the World - Series of 1992

3★「1：43.5（標準規格）或
1：45（歐洲規格）或
1：48（美國規格）」O號軌距比例

因為在比例上比1號軌距小，所以稱為O號軌距。最初是德國廠商「美克林」（Märklin）在1900年左右推出，軌距採用32 mm（厘米）。1930年美國廠商推出三軌交流電式（three-rail alternating current）的O號軌距，當時成為「模型鐵路」的主流，直到1960年初期才逐漸被HO號軌距比例取代。歐洲在第二次世界大戰之前因為HO號軌距比例早就出現，所以O號軌距在當時的市場佔有率已經開始衰退。

❶ 位於西非的獅子山（SIERRA LEONE）在1992年發行一款玩具鐵路車輛（Toy Trains）專題小全張，內含一枚郵票面值Le1000，圖案主題是美國LIONEL廠牌推出「哈德生型8210號特別」（HUDSON NO.8210 SPECIAL）O軌距（O GAUGE 1 1/4" 英寸 32mm公厘）的「約書亞‧李奧內‧考文」紀念機關車（JOSHUA LIONEL COWEN COMMEMORATIVE ENGINE），小全張圖案的左上是模型旅館、中上是LIONEL廠牌的標誌、右上是模型餐館、右下和中下是模型小賽車、左下是模型平交道。

❷ 1992年位於南美洲北部的蓋亞那（GUYANA）為在義大利西北部的港都「熱諾亞」舉行國際郵展（展期1992年9月18–27日，標誌是美洲地圖，紀念哥倫布發現美洲500周年）發行一款世界玩具鐵路車輛（Toy Trains of the World）專題小全張，內含一枚面值＄350的郵票，圖案主題是O號軌距GAUGE（1 1/4" 英寸32mm公厘）的模型（MODEL），1925年德國德國的模型鐵路製造商「明」（BING）推出「巴布斯特的藍綬帶啤酒冷藏車」（PABST BLUE RIBBON BEER REFRIGERATOR CAR）。

❸ 1992年位於南美洲北部的蓋亞那（GUYANA）為在義大利西北部的港都「熱諾亞」舉行國際郵展（展期1992年9月18–27日，標誌是美洲地圖，紀念哥倫布發現美洲500周年）發行一款世界玩具鐵路車輛（Toy Trains of the World）專題小全張，內含一枚面值＄350的郵票，圖案主題是O號軌距GAUGE（1 1/4" 英寸32mm公厘）的電動模型（ELECTRIC MODEL），1933年德國最著名的模型鐵路製造商「美克林」（MARKLIN）推出車軸配置2-4-1型「邦山」（MOUNTAIN ETAT）的蒸汽機關車。

❹ 1992年位於南美洲北部的蓋亞那（GUYANA）為在義大利西北部的港都「熱諾亞」舉行國際郵展（展期1992年9月18–27日，標誌是美洲地圖，紀念哥倫布發現美洲500周年）發行一款世界玩具鐵路車輛（Toy Trains of the World）專題小全張，內含一枚面值＄350的郵票，圖案主題是O號軌距GAUGE（1 1/4" 英寸32mm公厘）的電動模型（ELECTRIC MODEL），1937年德國最著名的模型鐵路製造商「美克林」（MARKLIN）推出德國國家鐵道（GERMAN NATIONAL RAILROAD）的01型太平洋式（01 CLASS PACIFIC即車軸配置2-3-1）的蒸汽機關車。

4★「1：80或1：87」（HO號軌距比例）

　　HO號軌距比例之「HO」表示「O」號軌距比例之一半，在歐洲「O」號軌距比例之「O」是「零」之意，德國製造商稱為「Halb-null」即英文的「half-zero」，亦即「0號之一半」。由於美國擁有全世界最多的鐵道迷玩HO號軌距比例，因此在鐵道模型界也都隨著美語稱呼「HO scale」。而歐美鐵道的標準軌距是4英尺8.5英寸、亦即公制的1.435公尺（4' 8.5" or 1435mm），所以1 / 87（1：87）約等於16.5厘米（mm）。日本的鐵道模型製造商為了與世界標準接軌，也生產HO號軌距比例的鐵道模型，但是日本的在來線使用1.067公尺窄軌，因此日本的HO號軌距比例是按實物的1 / 80（1：80）縮小。

　　目前世界上（除了日本）著名的鐵道模型製造商大多以生產「HO比例」為主要產品，以機械組件而論，德國的「富來許曼」（Fleischmann）品牌被公認世界第一品牌，它的機關車續走耐久性及造型的精密逼真度堪稱世界第一，缺點是種類較少，主要只生產德國聯邦鐵道和第二次世界大戰前的德國鐵道車輛，就連以前東德的鐵道車輛也只有幾款而已。

▼1992年位於南美洲北部的蓋亞那（GUYANA）為在義大利西北部的港都「熱諾亞」舉行國際郵展（展期1992年9月18–27日，標誌是美洲地圖，紀念哥倫布發現美洲500周年）發行一款世界玩具鐵路車輛（Toy Trains of the World）專題小全張，內含一枚面值＄350的郵票，圖案主題是0號軌距GAUGE（1 1/4" 英寸32mm公厘）的電動模型（ELECTRIC MODEL），1937年德國最著名的模型鐵路製造商「美克林」（MARKLIN）推出「鐵路大王（綽號艦隊司令）范德必爾特」（COMMODORE VANDERBILT生於1794年5月27日、1877年1月4日）型的美國蒸汽機關車。

在德國，「美克林」（Märklin）算是最老和最具知名度品牌，在1935年就推出「HO比例」，它的特點是獨家採用交流3線式（一般品牌採用直流2線式），在軌道間的枕木板上多了一片小凸狀鐵，機關車體下面裝上一片滑鐵和小凸狀鐵摩擦，俗稱第三軌（third rail）。而目前一般品牌採用直流2線式，所以「美克林」的車輛不能在其他品牌的鐵軌上運轉，成為市場競爭時的致命傷，因此在1994年收購另一生產直流2線式的「翠克斯」（Trix）品牌，以降低開發模具成本。同款車輛交流3線式的以「美克林」品牌上市，直流2線式的則以「翠克斯」品牌上市。由於「美克林」是老牌子，七十多年前推出時，可謂世界首創，在歐美、日本的鐵道模型及玩具界引起轟動，所以至今仍有不少死忠的玩家和收藏家。

　　以種類而論，義大利的「利馬」（Lima）品牌推出的款式最多，幾乎西歐各國、甚至美國著名的鐵道公司車輛模型都有生產，價格則走大眾化路線，1970至1980年代是「利馬」的鼎盛時期，對世界的鐵道模型迷而言，在大家剛入門時幾乎人人都有一組「利馬」的基本組（或稱為入門組starter set）。

　　在義大利有一個非常著名的「麗華羅細」（Rivarossi）品牌，就品質而言僅次於「富來許曼」，走高檔豪華路線，在市場上和「利馬」做明顯的區隔，產品種類以歐美著名客運列車（例如東方快車、TEE穿越歐洲快車等）為主，它的外包裝也非常講究印刷精美，尤其是以整組列車包裝出售，內容包含機關車和各種車廂，當時爭取到鐵道模型收藏家的主要市場，許多當年推出的限量豪華版目前都成為玩家在網站上競標的熱門對象。

　　在奧地利則有「利利普特」（Liliput）和「羅可」（Roco）品牌，品質略遜於「麗華羅細」，包裝盒內會附各種細部配件，玩家得自行黏到車輛上，成為許多收藏家最傷腦筋的事。其產品中有一項特色就是結合軍用車輛模型，在鐵道平板車上裝載各種戰車、軍用車等，甚至推出德國在第二次世界大戰中塗迷彩的軍用列車，但是價格並不便宜。

　　在法國有「就富」（Jouef）品牌，和義大利的「利馬」有技術合作關係，以生產法國的鐵路車輛模型為主。

　　在美國玩家多、製造商也多，早在二十多年前，製造商就移到中國大陸生產低價位的產品，最初品質差，根本就是玩具版。但是近十年來經專家指導，各項技術改進，生產中高級產品進軍全球鐵路模型市場，結果重重地打擊不少歐洲廠牌，導致上述幾間大廠發生財務危機，在1990年代中期由「Lima」

合併「Jouef」、「Rivarossi」及德國的「Arnold」（生產N比例）等三大廠，「Lima」集團苦撐了十年，最後由英國著名的「宏比」（Hornby專門生產英國的鐵道車輛模型）在2004年底進行收購「Jouef」、「Rivarossi」、「Lima」、「Arnold」等四大品牌，2006年開始恢復生產少量上述各品牌。

目前美國著名的廠牌有「Atlas」、「Athearn」、「Bachmann」（在台灣的代理商稱為百萬城）、「Life Like」、「Walthers」等，其實「Bachmann」的經營權早在1984年被香港的Kader集團接管，該集團在1992年併購奧地利的「利利普特」（Liliput），目前歸屬於英國的「巴克曼歐洲公司BACHMANN EUROPE PLC」，但是產品都在中國大陸生產。

在日本最著名的品牌就是「天賞堂」（Tenshodo(てんしょうどう)），由於產品是精密全金屬製造，因此走高價位路線，一輛ＥＦ65形 500F電力機關車模型的零售價是141,750日圓，折合新台幣約四萬元，就連高收入的日本玩家都覺得太貴了，1990年中期起日本經濟開始衰退，「天賞堂」的生意當然受到嚴重影響。近年來為了挽回市場佔有率，於是和中國的百萬城合作生產塑膠製品的鐵道模型車輛，進軍普及版的中高價位市場。

在日本金屬精密版的著名品牌尚有「珊瑚模型」、「遠藤」（エンドウ）、「カツミ」（Katsumi日本鐵道模型車輛種類最多）、「宮沢模型」等。

至於普及版市場最有名的是関水金属（せきすいきんぞく、英文：Sekisui Kinzoku Co., Ltd.），由於創辦人加藤祐治的家族姓「加藤」英文拼音為「KATO」，所以「KATO」成為品牌名稱。「KATO」原本是日本N比例的最大製造商，由於品質得到美國玩家的肯定，在1986年接受美國進口商的委託代工，甚至在美國成立KATO USA公司，同年生產HO比例，但是種類不多。另外就是原本以玩具業起家的「TOMIX（トミックス）」，在日本是N比例的第二大製造商，1977年開始生產HO比例，種類也是不多。

5★「1：150或1：160」（N比例）

因為「1：150或1：160」比例的模型鐵軌軌距是0.9公分即9公厘，「9」在英文稱為「nine」、德文稱為「neun」，開頭字母都是「N」，所以通稱N比例〈scale〉或 N軌距〈gauge〉。標準軌距的N比例是1／160，窄軌的N比例是1／150。

目前生產N比例的各國著名廠牌如下：

Arnold（德國的阿諾德）

Bachmann（美國的巴克曼）

Brawa（德國的布拉瓦）

Electrotren（西班牙的電力列車）

Fleischmann（德國的富來許曼，品質是世界第一）

Graham Farish（英國的葛拉罕·法理許）

GREENMAX（日本的グリーンマックス）

Kato（日本的加藤）

MICRO ACE（日本的マイクロエース）

Lima（義大利的利馬）

Peco（英國的陪可）

Piko（東德的皮哥）

Rivarossi（義大利的麗華羅細）

Roco（奧地利的羅可）

Tomy Tomix（日本的「富」，取自「富山」Toyama之「富」To）

Trix/Minitrix（德國的迷你翠克斯，每年推出會員特定版及限量版）

另外上述美國各著名品牌都有生產。

　　由於日本的居家空間較小，所以廠商在1960年代末期推出N比例適合一般人家在2公尺 × 2公尺的床鋪上由父親和孩子一起做「親子玩樂」，1970、80年代是日本的經濟快速成長期，一般家庭的實質所得增幅加大，廠商推出生日、入學、聖誕賀禮的基本組，因此被稱為N比例的最景氣時期。而MICRO ACE在1996年首先推出在中國大陸代工的D51蒸汽機關車模型，由於品質超越Kato和Tomix的同款車輛，吸引不少玩家購買。進入21世紀幾乎每個月推出兩、三款列車組，搶攻中低價位市場，近年品質不斷提升，同款列車組價格約為Kato和Tomix的七、八成，後來

「MICRO ACE」在2001年3月推出四款「南満州鉄道あじあ号〈亞細亞號〉」列車模型組, 分別是

■品番A8401　JAN 101612
品名 満鉄・パシナ・979「あじあ号」7両セット
未税價格:20,000日圓　含税價格:21,000日圓
■品番A8401　JAN 101667
品名 満鉄・パシナ・979「あじあ号」7両木箱セット
未税價格:23,000日圓　含税價格:24,150日圓
■品番A8402　JAN 101629
品名 満鉄・パシナ・981「あじあ号」8両セット
未税價格:22,000日圓　含税價格:23,100日圓
■品番A8402　JAN 101674
品名 満鉄・パシナ・981「あじあ号」8両木箱セット
未税價格:25,000日圓　含税價格:26,250日圓

木盒外硬紙包裝印黑底白字「満鉄 2千元年特別紀念（永久保存版）」

木盒上印「満鉄〈滿鐵〉標誌」「南満州鉄道パシナ型蒸気機關車」

「鐵路模型」或「模型鐵路」

23

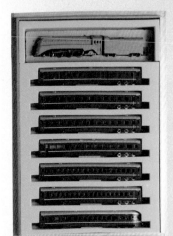

「2次型981『あじあ号』8両セット（組）」「最終増備車12号機蒸気機関車＋客車7両（輛）」

木盒內由上至下依序為：

1.パシナ981〈号〉 蒸汽機關車

2.テユ8 1002〈号〉
荷物郵便車(行李郵務車)

3.ハ8 1002〈号〉 三等客車

4.ハ8 1003〈号〉 三等客車

5.シ8 1002〈号〉 食堂車(餐車)

6.ロ8 1002〈号〉 二等客車

7.イ8 1002〈号〉
一等客車(乘客多時做為增結用)

一等展望車

一等展望車特寫

二等展望車後部特寫

居上已威脅到Kato的龍頭地位，目前成為三雄鼎立的局面。MICRO ACE品牌剛上市不久，甚至配合日本最有人氣的電視卡通影集「銀河鐵道999」（由C62型蒸汽機關車牽引列車）的限量版列車組以及讓曾在滿州國（中國東北）住過的老一輩日本人懷念不已的「南滿州鉄道あじあ号〈亞細亞號〉」列車模型組（內含蒸汽機關車），當在模型店一上架就被搶購，造成日本模型界的大轟動。

6★「1：220」（Z比例）

此為德國廠商「美克林」（Märklin）的專利產品，1972年的紐倫堡玩具展（Nuremberg Toy Fair）首次推出，軌距只有6.5mm（厘米），由於價格十分昂貴，只流行於德國、瑞士和美國上級階層。至於為何取名Z比例，因為「美克林」的設計師認此種小比例是認為「可運轉鐵路模型」的極限小規格，而Z是羅馬字母的最後一個字母，Z比例則表示最後一種的極限小規格。

◎ 日本的「東京丸井」（日文：東京マルイ，英文：TOKYO MARUI原本以生產「空氣槍」和「金屬模型槍」著名）在2007年也推出Z比例（項目名稱：PRO Z）的鐵路模型，由於一般日本人的住家空間狹小，如果要造N比例的鐵路模型場景也是頗佔空間，因此「東京マルイ」推出「Z比例的完成場景路線基本組」（已裝好鐵軌，日文品名：完成ジオラマコース基本セット）放在大紙箱內出售，規格和一般手提旅行箱相同，要玩的時候將紙箱打開攤平，再把變壓控制器通電線插頭插入電源插座，然後直接把動力車和列車放在鐵軌上，接著轉動控制器的控制桿，動力車和列車就可以運轉，此外還加了光效，可以使場景內的建築物和路燈發出燈光，「Z比例的完成場景路線基本組」推出後成為各模型店最有人氣的「鐵路模型」套裝完成品，當然吸引不少日本鐵道迷購買，甚至引發初入門者的購買意願。

註：原先機關車身採用青色塗裝，後來因為太平洋戰爭爆發，以防空為理由，將機關車改為黑色塗裝。

「MICRO ACE」在2006年12月推出二款「南滿州鉄道あじあ号〈亞細亞號〉」模型組，分別是

品番A8404 JAN 101643
品名 満鉄パシナ12・燈火管制改造・あじあ号8両セット
未稅價格：24,500日圓
含稅價格：25,725日圓

品番A8403 JAN 101636
品名 満鉄パシナ3・燈火管制改造・あじあ号7両セット
未稅價格：23,000日圓
含稅價格：24,150日圓

「鐵路模型」或「模型鐵路」

木盒內由上至下依序為：

1.パシナ3〈号〉　蒸汽機關車

2.テユ8 1003〈号〉
荷物郵便車(行李郵務車)

3.ハ8 1004〈号〉　三等客車

4.ハ8 1005〈号〉　三等客車

5.シ8 1003〈号〉　食堂車(餐車)

6.ロ8 1003〈号〉　二等客車

7.テンイ8 1003〈号〉一等展望車

蒸汽機關車特寫

一等展望車特寫

CHAPTER.4
「鐵路模型」的入門、擴充

 1入門心理建設

入門就是弄清楚正確門道，也就是如何開始正確地玩「鐵路模型」，然後可以培養持久的優良嗜好，也可以避免發生「開始興致勃勃，最後不了了之」以及「玩物喪志」的瘋狂現象。

所以首先要有健康的「三不、三要」心理建設，也就是入門時應有的心理準備。

◆「三不」

第一、不羨：不必羨慕玩家已經擁有豐富的珍藏品，因為「好成績」需要靠經驗和時間去累積，畢竟「人比人氣死人，再比就不必玩」，只要「主意拿定，把握怡情」，才不會掃興。

第二、不急：不必急於短時間內要買很多的「鐵路模型車輛」（此乃一般初入門者所急欲達成的短期目標），就算財力許可，一開始就買了很多心愛寶貝堆積起來，根本沒時間去玩賞，到後來記不得到底買過哪些寶貝，就會漸漸失去興致。

第三、不貪：不必貪心，剛開始興致正濃，什麼都要收集，隔了一陣子，發現沒有設定方向、目標，就會覺得雜亂無章，如果再加上時間或金錢的配合度稍欠順利，熱度就會很快消退，寶貝立即失寵成為「堆積品」。

◆「三要」

第一、要有規範

玩賞任何嗜好都得量入為出，何況「鐵路模型」要玩得有些規模，也算是一種長期投資。首先要設定支出限額和收集的範圍，懂得自我節制，嗜好的支出絕對不可影響到正常生活的基本開銷，如果以縮衣節食的方式去玩「鐵路模型」，反而失去休閒的趣味本質，實在大可不必。錢多玩規模大的，錢少也可以玩規模小的。

「鐵路模型」或「模型鐵路」

第二、要吸收資訊

玩賞「鐵路模型」除了擁有各種模型車輛和配件等硬體外，還得閱讀有關「介紹鐵路車輛」和「鐵路模型」趣味性的圖鑑書籍、雜誌充實軟體常識，尤其現今網站上的「鐵路模型」資訊相當豐富，唯有逐步吸收、了解相關資訊，才能培養長久的興趣。有空到店家搏感情、套消息，知道廠商推出「好東西」，才有機會買到「好東西」。

第三、要有耐心和恆心

收集「鐵路模型車輛」，更需要持久的耐心，經過長期的累積收藏，假以時日，持之以恆，才有令人羨慕的「好東西」（限量的精緻珍藏品）和「好成績」（種類豐富）。所以套句老話，玩「鐵路模型」也是「貴以專、貴以恆」。

歸納起來，玩賞「鐵路模型」的個人考慮因素，也是有三項，第一是財力、第二是空間、第三是時間。三項齊備，萬事好辦；如果其中一項稍有不足，就得做適度調整。

◆經驗分享

以筆者玩賞「鐵路模型」的三十多年經驗為例，初進銀行工作時待遇低，只能每個月存些零用錢，存夠了還得等到打折或特價時才去買心愛的寶貝「好東西」，以此種方式買到的「好東西」，自然會格外珍惜。到了中年升任主管，可支配的所得增加，就比較有財力去擴展收集的範圍，遇到發獎金時，抽出一部分慰勞自己，買一、兩組價格較貴的珍藏版「好東西」，直到退休時，已累積了三十幾組珍藏品。退休以後，只能將兼課、演講、稿費等零星收入匯集起來，購買經過精挑細選的「好東西」，仍然堅持一項原則還是不能動用退休金的老本，唯一多出來的就是時間，比較有空閒去規劃如何擴充場景和研究鐵路發展史、各種車輛。

2.入門參考

◆選定「鐵路模型」的比例

住家空間較大者可以從「1：87」比例的HO規格著手，住家空間較小者先從「1：150」或「1：160」比例的N規格著手，HO規格的車輛當做收藏或靜態擺設。

◆從基本組開始

除非有一筆約十萬元的可動用預算，先去請行家做場景，一般剛入門者就是先購買廠商已配好的基本組（starter set，basic set）。早期的基本組可以說是最簡單的陽春版，紙盒內裝著一圈鐵軌（八條45度圓弧鐵軌組成一個圓圈和兩條直行鐵軌）、一個電源控制器和一節動力車（通常是價格最便宜的柴油發電式機關車）以及兩、三節非動力車廂（通常是造型最簡單的平板車和無頂蓋貨車），以目前台灣的消費水準來評量，此種基本組大概只能當做小朋友的高級玩具。

◆選定品牌系統

萬般事慎於始，「鐵路模型」也不例外，所以得慎選基本組的品牌系統，因為牽連到以後的擴充。目前同一比例的各品牌鐵軌因各自發展獨立系統，都無法相連接，所以選定某一品牌後，在擴充規模時就需要購買同一品牌鐵軌。要考慮到後續補充和相關配置性（如號誌、月台、橋樑等）的問題。

◆N規格套裝組

以N規格來說，目前在台灣最容易買得到的品牌就是日本的「KATO」和「TOMIX」，兩種品牌的鐵軌雖然不能相連接，但是兩種品牌的車輛都可以在別品牌的鐵軌上運轉，換言之，「KATO」的車輛可以在「TOMIX」的鐵軌上運轉，反之亦然。近年來「KATO」和「TOMIX」為了爭取基本套裝組市場，相互做良性競爭，整組價格比散裝零買的總價便宜三成左右。基本組的內容不斷更新增添，最近兩種品牌推出的入門基本組都以配置新幹線基本組四節車輛做為行銷的宣傳重點，以吸引初入門者。

◆HO規格套裝組

英國著名的「宏比」（Hornby專門生產英國的HO規格鐵道車輛模型）品

牌在2006年推出入門初階版、進階版、高階版的軌道套裝系統組合（SET OF TRACK PACK SYSTEM），共有七款，採中低價位行銷，對於入門者是幾項不錯的選擇對象。

▼初階版的套裝組合內含車輛、電源控制器、一圈軌道，並附一張1090公厘×940公厘的場景圖（可以將軌道放在圖上標示位置），分為兩款，差別在於列車編組不同。

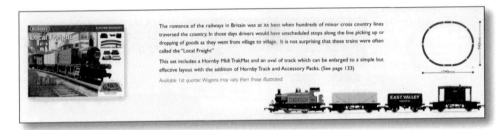

★初一、R1085 Local Freight地方貨物列車

由一節「小巨人」（Little Giant）號簡單型蒸汽機關車牽引兩節無蓋貨物車和一節列車長的守車（控制煞車），模型列車共有四節車。

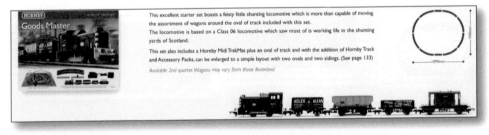

★初二、R1070 Goods Master Diesel Freight調度專用柴油機關車牽引貨物列車

由一節在站場內調度專用的06級小型柴油機關車牽引三節無蓋貨物車和一節列車長的守車（控制煞車），模型列車共有五節車。

▼進階版的套裝組合除了內含車輛、電源控制器、一圈軌道並增加一組分叉軌道，並附一張1575公厘×1143公厘的場景圖，分為三款，差別在於列車編組不同。

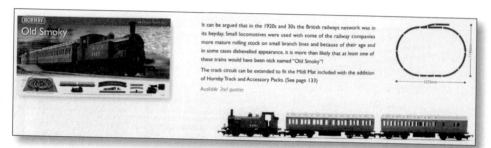

★進一、R1069 Old Smoky Passenger老式冒煙的旅客列車
由一節J83級老式的蒸汽機關車牽引兩節旅客車廂，模型列車共有三節車。

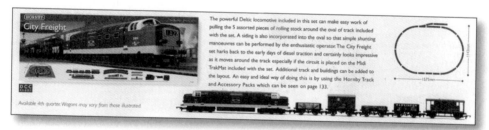

★進二、R1092 City Freight城市貨物列車
由一節55級大型柴油發電式機關車牽引三節無蓋貨物車、一節有蓋貨物車和一節列車長的守車（控制煞車），模型列車共有六節車。

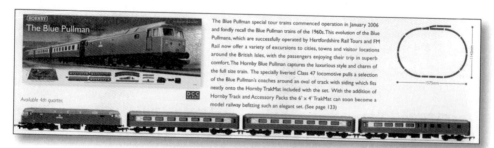

★進三、R1093 The Blue Pullman「藍色專人服務」旅客列車
由一節47級大型柴油發電式機關車牽引兩節專人服務客車和一節附列車長室的專人服務客車，模型列車共有四節車。

「鐵路模型」或「模型鐵路」

▼高階版的套裝組合除了內含車輛、電源控制器、一圈軌道並增加兩組分叉軌及半圈軌道，並附一張1575公釐×1143公釐的場景圖、模型月台、模型候車房，分為三款，差別在於列車編組不同。

★高一、R1071 Eurostar「歐洲之星」號高速列車

從英國首都「倫敦」出發，穿過英國和法國之間海峽的海底隧道後，分成兩線，往北通到比利時首都「布魯塞爾」，往南通到法國首都「巴黎」，時速高達300公里，因此稱為三首間的高速列車，模型列車包括373級有一節動力（power driving）的頭車、兩節客車、一節無動力的尾車，模型列車共有四節車。

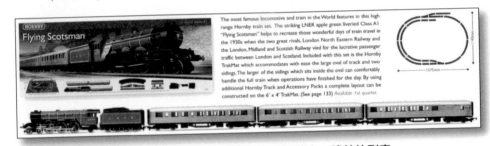

★高二、R1072 Flying Scotsman「飛快的蘇格蘭人」號特快列車

由1930年代倫敦與東北鐵道London and North Eastern Railway (簡稱為LNER)的Class A1蒸汽機關車牽引三節豪華旅客車廂編成的列車。

★高三、R1094 The Royal Scot「皇家蘇格蘭人」號豪華特快列車

1940年代末期至1950年代初期，在倫敦到蘇格蘭的東海岸線上奔馳，由「布里斯托城市」（City of Bristol）級的「公主加冕」（Princess Coronation）號蒸汽機關車牽引四節豪華旅客車廂編成的列車。

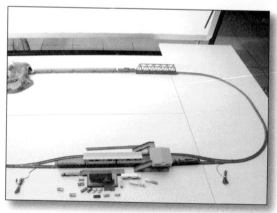

 ## 3.擴充參考

◆擴充鐵軌

　　「生意做一輩子」是各「鐵路模型」製造商的座右銘，所以除了拼基本組市場，還拼後續的鐵軌擴充組合市場。進階者可以依自己的擴充需求購買不同組合；到了行家級階段，架設可以透過電力機關車車頂上的「集電弓」通電運轉的電線。

「鐵路模型」或「模型鐵路」

◆增添車輛

鐵軌擴充後,接著就是增添車輛。通常先將基本組的車輛補齊成為完整列車組,由於基本組的車輛大都配置旅客列車,因此第二列可以考慮添購貨物列車,往後就隨個人喜好繼續添購各種列車組。進階者添購置「裝妥車內燈的高級車廂」(也可以另購「車內燈配件」裝入車廂內)、「數位化晶片的動力車」;到了行家級階段,收集典藏版的限量品(在外包裝的木盒上或在車輛底部鑄記生產序列編號)。

◆擴充站場

新推出的基本組都會附一組完成品車站,接著可增購站場的分叉軌、小彎軌、直軌道和月台、號誌、平交道等配備。進階者增購高架軌道和橋樑做成立體交叉;到了行家級階段,裝置可以發出亮光的號誌、裝置音響的平交道。

◆擴充場景

首先建構車站前的街道,增購各種建築物,目前推出都是完成品,種類越來越多。為了增加真實感和熱鬧氣氛,再添購路邊行樹、街道上的大小汽車和載貨車、不同場合的小人偶。進階者增購隧道、工廠、農家房舍,並且鋪設田園、森林、山脈、河川和海邊等情景;到了行家級階段,裝置可以發出亮光的路燈、建築物室內燈。以整體而言,造場景就如同做精緻的手工藝品,有些行家能做到惟妙惟肖的逼真階段,令人嘆為觀止。

CHAPTER.5
世界最大的「鐵路模型」場景——在德國漢堡的「縮小版奇境」

「縮小版奇境」（德文Miniatur Wunderland）是世界最大的「鐵路模型」場景展示館（The largest model railway in the world），位於德國北部的港都——漢堡（Hamburg），將一座易北河畔的倉庫內部改修而成。地址：Kehrwieder 2-4 Block D 20457 Hamburg-Speicherstadt。

場景佔地1500平方公尺，包含11000公尺長的軌道，採用「HO」號軌距比例，

分成五個主題：（目前正在增建飛機場主題）

1.德國南部、2.漢堡和海岸、3.美國、4.斯勘地那維亞（北歐）、5.瑞士

Southern Germany, Hamburg and the coast, America, Scandinavia and Switzerland

超過九百列模型鐵路列車、12000節車輛在模型軌道上運轉，並且有二十萬個小人偶和動物形象玩偶散佈在場景上。入場券：成人10歐元，16歲以下5歐元，身高低於1公尺隨成人可免費入場；15人以上結伴入場可享受9折團體票。

在台灣，也有不少玩家自行製作場景，效果相當逼真。

「鐵路模型」或「模型鐵路」

CHAPTER.6
鐵路的發展過程

❶

❷

❸

鐵路的發展過程，依照科技發展順序可分為：

1.鐵路探索發明時代

公元1803年，英國人李察・崔韋席克（Richard Trevithick）首先利用蒸汽機的原理，將大型齒輪和汽缸組裝起來，製成世界第一輛蒸汽機關車之後，直到公元1829年，史提芬生父子所製造的「火箭」（ROCKET）號奪得英國的利物浦與曼徹斯特鐵道公司在雨丘（Rainhill）附近舉行競賽的錦標，從此以後鐵路的列車就逐漸成為陸上的主要交通工具。

1803年至1829年將近三十年的期間稱為鐵路探索發明時代。

❶ 波蘭（POLSKA）在1976年2月13日發行一套機關車歷史專題郵票，其中面值50GR（波蘭貨幣：100 GROSZY＝1 ZŁOTY）的圖案右上是李察・崔韋席克肖像，主題是里察・崔韋席克在1803年製造的世界第一輛蒸汽機關車。

❷ 英國在1975年8月13日發行一套英國第一條公用鐵道（Public Railway）通車150周年紀念郵票，其中面值7 P辨士的圖案主題是喬治・史提芬生製造的「機關一號」（Stephenson's Locomotion）蒸汽機關車，1825年用於第一條公用鐵道─史托克屯與大令屯鐵道（Stockton & Darlington Railway）。

❸ 位於加勒比海的聖路西亞（ST.LUCIA）在1983年10月13日發行一套世界著名機關車專題郵票，其中面值2元的圖案主題是史提芬生父子製造的「火箭」號蒸汽機關車在1829年公開試車，分成上下各一枚相連，上一枚是「火箭」號的左側及正面圖，下一枚是「火箭」號在運轉時經過石造橋的情景。

2.鐵路開拓發展時代

　　到了1830年代，歐洲大陸各國開始自英國引進蒸汽機關車，最初是授權製造，後來自行研究發展，直到十九世紀末歐美各國已有完整的鐵路網。1830年至1900年的七十年期間稱為鐵路開拓發展時代。

① 位於加勒比海的聖路西亞（ST.LUCIA）在1984年9月21日發行一套世界著名機關車專題郵票，其中面值2圓的圖案主題是「鷹」號蒸汽機關車，總重量14.5噸、車身長7.62公尺、動輪直徑1.371公尺，分成上下各一枚相連，上一枚是「鷹」號的右側及正面圖，下一枚是「鷹」號在1835年12月7日首次牽引旅客列車在第一條鐵路（紐倫堡至富裕特）公開運轉的情景。

② 波蘭（POLSKA）在1976年2月13日發行一套機關車歷史郵票，其中面值2.70 Zł的圖案左上是羅伯特‧史提芬生肖像，主題是1837年製造的「北星」（North Star）號蒸汽機關車。

③ 位於南太平洋的土瓦路（TUVALU）的那努馬加（NANUMAGA）在1985年4月3日發行一套機關車專題郵票，其中面值60分的圖案主題是1846年製造的「銅大頭」（COPPERNOB）號蒸汽機關車，分成上下各一枚相連，上一枚是「銅大頭」號的右側及正面圖，下一枚是「銅大頭」號牽引旅客列車前進。1846年由愛德華‧貝里（Edward BURY）設計，曼徹斯特的費爾本與子（W. Fairburn & son）工廠製造，車軸採取「0-4-0」（兩軸四個動輪）配置方式，動輪直徑1.4478公尺，車身重19.82噸，車身長11.227公尺。由於火爐室的頂部呈半圓球狀、外層用銅板覆蓋，所以取名「銅大頭」。本車一直運轉到1900年初期，在當時被公認為尚在英國運轉的最古老蒸汽機關車。當第二次世界大戰期間「銅大頭」停在夫尼司的巴羅（Barrow-in-Furness）車站展示時曾受炸彈破壞，戰後經過整修，如今成為英國的國家珍藏保存品。

「鐵路模型」或「模型鐵路」

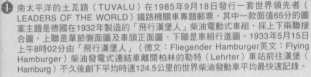

❶ 南太平洋的土瓦路（TUVALU）在1985年9月18日發行一套世界領先者（LEADERS OF THE WORLD）鐵路機關車專題郵票，其中一款面值65分的圖案主題是德國在1932年製造的「飛行漢堡人」柴油電動式車組，採上下兩聯接合圖，上聯是單節側面圖及車頭正面圖、下聯是車組行進圖。1933年5月15日上午8時02分由「飛行漢堡人」（德文：Fliegender Hamburger英文：Flying Hamburger）柴油發電式連結車離開柏林的勒特（Lehrter）車站前往漢堡（Hamburg）不久後創下平均時速124.5公里的世界柴油發動車平均最快速記錄。

3.鐵路機關車競賽時代

　　進入二十世紀，大眾化的汽車也出現了，鐵路已經不再是陸運的獨占者，尤其在短距離內，就方便性而言，火車不是汽車的對手。面對日增的威脅，各國鐵路當局要求製造廠設計新型蒸汽機關車，於是將蒸汽機關車的動輪直徑加大，提升蒸汽機的運轉效能，提高速度，比汽車跑的更快、更遠，在長途客運方面總算穩住客源，由於牽引力增大，可以將大量貨物運到更遠的地方。機關車的動力方式除了以燃燒煤炭產生蒸汽之外，1930年代已有性能不錯的柴油發動和電力發動關車出現，英、德、法等國則相繼比賽機關車的速度，並且推出豪華客運列車吸引上階層旅客，以「東方快車」（ORIENT EXPRESS）最有名氣。1901年直到1945年第二次世界大戰結束的四十五年期間稱為機關車競賽時代。

❷ 格瑞那達（GRENADA）在1982年10月4日發行一套世界著名的蒸汽機關車及列車專題郵票，其中一款面值3圓的圖案主題是德意志國家鐵道（GERMAN NATIONAL RAILWAYS）的05型流線形蒸汽機關車牽引快列車。05型002號在1936年5月11日曾創下時速200.4公里的世界記錄，成為歐洲大陸最速的蒸汽機關車。

❸ 位於加勒比海的內維斯（NEVIS）在1983年11月10日發行一套機關車專題郵票，其中面值1圓的圖案主題是「A4級」的「野鴨」號蒸汽機關車，分成上下各一枚相連，上一枚是「野鴨」號的左側及正面圖，下一枚是「野鴨」號蒸汽機關車牽引客運快車。編號4468取名「野鴨」號的蒸汽機關車在1938年7月3日創下蒸汽機關車最快速的世界記錄，時速高達126英里（203公里），至今仍然保持此項最快記錄。

格瑞那達（GRENADA）在1982年10月4日發行一套世界著名的蒸汽機關車及列車專題郵票，其中一款面值1圓的圖案主題是1960年代德意志聯邦鐵道（GERMAN FEDERAL RAILWAYS）的10型001號半流線型蒸汽機關車牽引「羅蕾萊快車」（LORELEI EXPRESS），是縱貫西歐的重要國際列車，從荷蘭的侯克港出發，轉入萊因河谷後南下，經瑞士抵達羅馬，途中經過萊因河谷最著名的觀光景點—羅蕾萊峭壁（傳說峭壁上站著一位美女名叫羅蕾萊，唱著情歌盼望情郎早歸，萊因河上船夫常被吸引而稍不注意船就撞上峭壁）而取名。

德意志聯邦鐵道在第二次世界大戰結束後委由「克魯普」（Krupp）工廠製造的半流線型蒸汽機關車，做為牽引客運快車之用，原先稱為10型蒸汽機關車，1968年改為010型蒸汽機關車。本型車的特點：

一、為了提升行車速度，設計師採取減少阻力的方式，所以在車身下半部的最前端使用弧形覆蓋鈑，上半部兩側的除煙鈑前後緣也改為弧形。

二、因牽引的客運快車經過許多人口密集的都會區，為了減少空氣污染程度，於是將傳統的燃煤方式改用燃油方式，機關車後面連結的炭水車改為油箱車。

4.鐵路大轉型時代

第二次世界大戰結束後，鐵路運輸遭遇民航機科技快速發展的嚴重威脅，歐洲轉向多國合作聯營的「TEE」（TRANS-EUROP-EXPRESS穿梭歐洲快車）系統發展。美國鐵路公司只好轉向和越洋船運業者共同發展革命性的貨櫃運輸，1970年代以後的美國鐵路公司全力經營橫越大陸的長途貨運，所謂危機變轉機。戰後的三十年期間成為鐵路的大轉型時代，亦稱為起死回生期。

❷ 東德在1978年6月13日發行一套貨櫃運輸（CONTAINERTRANSPORT）專題郵票，共四款其中一款面值35分尼的圖案是貨櫃集散場（container yard）的大吊具、貨櫃列車，內側線上的貨櫃列車由110型柴油動力機關車牽引。

❸ 德意志聯邦郵政（DEUTSCHE BUNDESPOST）在1975年4月15日發行一套青少年附捐郵票（JUGENDMARKE），全套共4款，其中一款面值「30＋15」分尼（購買時付0.45馬克，其中0.30馬克當做郵資、0.15馬克當做青少年捐款）的圖案主題是218型柴油動力機關車（DIESELLOK DER BAUREIHE 218）。圖卡是218型410-9號柴油動力機關車牽引穿梭歐洲快車「TEE」停在慕尼黑鐵路總站，右下方蓋1978年10月29日在慕尼黑舉辦的郵展紀念戳。

「鐵路模型」或「模型鐵路」

❶

❷

5.高速鐵路時代

　　1960年代的嚴厲教訓，使得各國鐵路業者終於體會到若不再做研發改進，立即遭遇更嚴厲的挑戰。日本國鐵可以稱得上先知先覺，早在1950年代就規劃高速鐵路，就是現在的新幹線，1964年10月1日配合東京奧運會開幕，東京到大阪的東海道新幹線正式通車，時速高達210公里，成為全世界速度最快的電力列車。歐洲各國鐵路見賢思齊，英國在1975年推出高速列車（High-Speed Train簡稱HST）最高時速200公里，法國在1982年推出TGV（即法文高速列車Train à Grande Vitesse之簡寫）最高時速300公里，德國在1991年推出ICE（城市間快車Inter-City Express之簡稱）最高時速280公里。到了1990年代美國政府終於承認高速鐵路時代已經來臨，美國比日本落後了三十年，於是先在東北部工商業最發達的地帶：波士頓經紐約、費城到華盛頓之間規劃，2000年12月11日利用此區段的鐵路推出高速列車稱為Acela Express（Acela係從accelerate演變而來，表示「加速」之意），最高時速240公里。

❸

❶ 日本在1964年10月1日發行一款「東海道新幹線開通記念」郵票，面值10圓，圖案主題是在東海道新幹線運轉的第一代《光》（ひかり）號超特急列車。

❷ 英國在1975年8月13日發行一套英國第一條公用鐵道（Public Railway）通車150周年紀念郵票，其中面值12 P辨士的圖案主題是1975年英國鐵道啟用城市間的高速列車（British Rail Inter-City Service HST即High-Speed Train之簡稱）。

❸ 1988年5月29日試驗型都市間快速列車，由五節車輛組成，前後動力車之型號分別為「410 001-2」、「410 002-0」，在漢諾威（Hanover）經富而達（Fulda）至武茨堡（Würzburg）的新建路線（Neubaustrecke）上做測試，列車正經過在維特雪赫海姆（Veitschöchheim）的橋樑。圖片右下正拍到一家人在護牆邊觀看測試列車快速通過，左下蓋「司圖加特STUTTGART」郵局1991年5月31日郵戳，紀念司徒加特STUTTGART至曼海姆MANNHEIM的新建路線開通（ERÖFFNUNG DER NEUBAUSTRECKE）。

CHAPTER.7
德國鐵路模型的分期

德國鐵路車輛模型製造商則以年代區分為：

1.第一代：1835年至1920年製造的鐵路車輛

自1835年德國的第一輛蒸汽機關車「鷹號」至第一次世界大戰結束（1919年6月28日戰敗的德國政府同意簽訂凡爾賽和約，1920年1月20日得到國際聯盟的認可）。

2.第二代：1920年至1945年製造的鐵路車輛

自第一次世界大戰結束至第二次世界大戰結束。

3.第三代：1945年至1968年製造的鐵路車輛

自第二次世界大戰結束至1968年美國各鐵路公司為避免過度競爭而合併。

4.第四代：1968年至1985年製造的鐵路車輛

1968年西德聯邦鐵道（Deutsche Bundesbahn）將車輛系列編號改用國際鐵路聯盟（法文全名Union Internationale des Chemins de fer簡稱UIC，1922年12月1日成立於法國巴黎，總部也設在巴黎，歐洲的鐵路系統標準主要由此聯盟制定，稱為國際鐵路規格）標準代號，1985年德國的高速鐵路列車——都市間快速實驗列車（InterCityExperimental）試車成功。

5.第五代：1985年至目前製造的鐵路車輛

自1985年起歐洲鐵路進入高速鐵路時代。

「鐵路模型」或「模型鐵路」

大連・新京間特急 "あじあ"
Dairen-Hsinking Limited Express "Asia."

PART.2
最著名及最有人氣的
鐵路機關車及列車

CHAPTER.1
夢想成真的「亞細亞號」特快列車
Limited Express "Asia"

 1.「亞細亞號」特快列車的源起

亞細亞號特快列車（あじあ號ASIA）是日本南滿洲鐵道株式會社所屬的著名豪華客運列車，日文稱為「亞細亞號特別急行列車」。南滿洲鐵道株式會社簡稱為南滿鐵道。

日俄戰爭結束後，原來由俄國修建的東清鐵路（民國成立後改名中國東北鐵路）「長春至旅順」段依和談條約轉讓給日本，改稱為南滿鐵路。為管理鐵道，1906年（光緒三十二年）6月7日，公佈了《南滿洲鐵道株式會社成立之件》，11月26日在東京正式成立南滿洲鐵道株式會社，資本金2億日元，首任總裁為後藤新平男爵（任期1906年11月13日–1908年7月14日）。翌年，會社總部從東京遷往大連。

日本人建立滿州國之後，為了展現日本的國力和科技成就，於是派遣優秀的行政官員和技術人員到滿州國大顯身手，其中最引起世人注目的就是鐵路建設的成就——「世界上最快速和最豪華的亞細亞號特快列車」。日本因多山的地理環境，依當時的科技水準及財力，要在國內的四大島上實現「超特急快車」美夢的確不易。當日本人控制了滿州，發現廣闊平坦的松遼平原正是伸展雄心壯志的絕佳舞台，終於夢想成真。在1934年至1943年，亞細亞號特快列車營運於南滿鐵道由新京至大連區段間（1935年後營運區間向北延伸至哈爾濱）。

註：後藤新平（1857～1929）曾任日本統治台灣時期的民政長官（1898年—1906年）

註：1932年3月滿州國成立，宣佈定都長春，改名為新京，日語發音：「しんきょう Shinkyō」，其意為「新建的京都」。

2.「亞細亞號」採用的流線型蒸汽機關車

　　亞細亞號採用在大連的沙河口滿鐵車輛工廠製造的SL-7「パシナ」（PASHINA）流線型蒸汽機關車牽引（車殼塗青色），除第一節行李車外，其餘各節全部採用封閉式空調車廂。滿鐵將亞細亞號定為「特急」快車。列車編組為6節車廂，蒸汽機關車之後為一節行李車（日語稱為：手荷物郵便車）、兩節三等車廂（定員88人）、一節餐車（日語稱為：食堂車）、一節二等車廂（定員68人）和一節半圓弧型的頭等展望車（定員48人，展望一等車為30人，展望室為12人），每節車廂長24.542公尺、寬3.056公尺、高4.187公尺，車廂底部的臺車（前後各一座）採三軸六輪式，分散振動、增加乘坐的舒適性。車廂外表噴綠色、車頂噴銀色共有兩組列車，車廂的下方噴一道白線（表示特急列車）。1934年（昭和9年）11月開始營運，每日上午由新京和大連對開，大連至新京間的營運里程為701.4公里，所需時間為8小時30分，平均營運速度為85公里/小時。流線型蒸汽機關車的最高測試時速為130公里。在奉天至四平街兩站間的189.3公里路程上奔馳，只需124分鐘，曾創下平均時速91.6公里的記錄。1935年（昭和10年）9月由新京延伸至哈爾濱，大連至哈爾濱之區段營運里程為943.3公里，所需時間為12時30分。由於太平洋戰爭局勢惡化，亞細亞號於1943年2月停止運行。一列車廂在蘇聯軍隊進攻中國東北時被運往蘇聯，另一組列車留在中國，「パシナ」（PASHINA）流線型蒸汽機關車現存於瀋陽蘇家屯鐵道博物館展示。

　　青色的「パシナ」（PASHINA）流線型機關車全長25.675公尺、車體幅寬3.362公尺、高4.8公尺，炭水車可載煤炭12噸和水37噸，動輪直徑2公尺、運轉整備重量203.31噸（軸重23.94噸），屬於超大型機關車。「パシナ」（PASHINA）的名稱是按照滿州鐵道的車輛命名規則而來，「パシナ」（PASHINA）之「パシ」（PASHI）是指機關車車軸的配置方式為「2C1」（前導輪2軸、C表示動輪3軸、傳輪1軸）美國式稱為「Pacific」（太平洋），「パシナ」之「ナ」表示第7（日語稱7為ナナツ【nanatsu】）型機關車之意。昭和9年（1934年）8月首先在大連機關區配置7輛、新京（長春）機關區配置4輛。大連的沙河口滿鐵車輛工廠製造的是編號「970」、「971」、「972」等3輛，川崎車輛株式會社的兵庫工廠製造的是編號「973」至「980」等8輛，昭和11年（1936年）追加製造編號「981」1輛，共製造9輛。

3.「亞細亞號」為何會令人懷念不已？

　　在第二次世界大戰前，日本與德國的外交及各項關係良好，德國計畫興建橫越歐亞大陸的國際鐵道，日本為配合該計畫，於是將大連至哈爾濱、哈爾濱至滿州里的路段整建為橫越歐亞大鐵道的東段，同時提高列車的行車速度，「亞細亞號特別急行列車」就在這種時空背景誕生，當時「亞細亞號」的行車速度比日本本土的最快速列車還快，因此被日本的新聞界稱為「彈丸列車」、「超特急列車」。為了應付東北地區的特殊氣候（仲夏時氣溫高達三十度以上、寒冬時氣溫低於零下10至40度），所以車廂採用密閉式的雙重窗戶，由於車廂內設備豪華舒適並且有冷暖氣空調設備，尤其是頭等和二等車廂內裝置旋轉式靠背沙發椅，乘客可以從不同角度欣賞窗外風景，搭乘過的旅客都贊不絕口，對當時的日本人而言能搭上此款列車簡直是富豪級享受，令人羨慕不已，何況一天只有一班南北對開，每班只有292個座位，餐車有36個座位，供應豪華餐點飲料，午餐、晚餐定食價錢是一人份一圓五十錢（1日圓等於100錢），以當時物價和所得水準折合約為現在的新台幣一千五百元。如此豪華先進的設備使得「亞細亞號」成為當時世界上最豪華的旅客列車。南滿鐵道本社、各分社以及日本、滿洲國派駐各地的領事館在通車前就開始預售豪華列車的車票，以便對世人宣傳新的現代化國家——「滿洲國」進步發展的實況。正式運轉後，日本的富豪、高級軍政要員、歐美商人、外交官陸續來到滿洲國，體驗「亞細亞號」的豪華、舒適和快速。

　　日本有一位女作家回憶當她在讀小學的時候，有一年暑假父親帶全家去搭「亞細亞號」，回家後寫了一篇搭乘遊記文章，老師稱讚不已，同學們更是投以羨慕眼光、紛紛問她搭乘的體驗究竟如何。另外它的營運期間前後僅十年，搭乘過的旅客畢竟是相當有限，而日本的新幹線自1964年開始營運至今已超過四十年，所以相對而言，搭乘「亞細亞號」是一件非常稀罕的又值得炫燿的趣事，難怪會令當時的日本人懷念不已。

4.有關「亞細亞號」的圖片資料

「亞細亞號」的英文小冊封面及封底介紹：封面圖案主題即「亞細亞號」

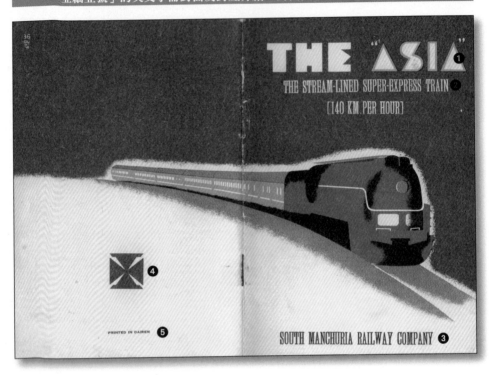

❶「THE "ASIA"」，「亞細亞號」
「THE STREAM-LINED SUPER-EXPRESS TRAIN」，「流線型超特快速列車」

❷「140KM. PER HOUR」，「每小時140公里」

❸「SUTH MANCHURIA RAILWAY COMPANY」，「南滿州鐵道會社」

❹ 封底下印「亞細亞號」的標誌──紅色四方形內有四道閃電（象徵快速）

❺「PRINTED IN DAIREN」，「在大連印製」

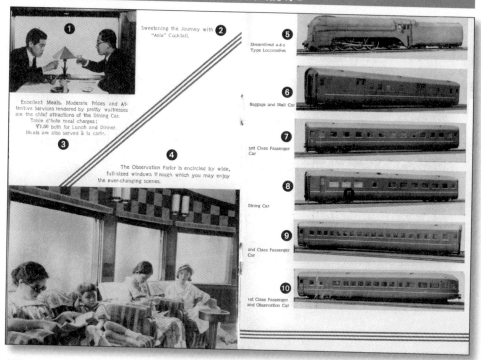

左頁：

❶「兩位乘客在食堂車（餐車）內互相以雞尾酒致敬」

❷「Sweetening the Journey with "Asia" Cocktail」即「以亞細亞號的雞尾酒，使得旅途變得舒適優雅」之意

❸「Excellent Meals, Moderate Price and Attentive Services rendered by pretty waitresses are the chief attractions of Dining Car.Table d'hote meal harges：¥1.50 both for Lunch and Dinner. Meals are also served à la carte.」即「頂級餐食、價錢適中和由美麗的女服務員提供親切服務是餐車最吸引人之處」

　「定食（套餐）的價格：中餐和晚餐都是1.50日圓。也提供〔按菜單點菜〕的服務。」之意

❹「The Observation Palor is encircled by wide, full-sized windows through which you may enjoy the ever-changing scenes.」即「展望車客廳由寬廣、大尺寸的窗戶環繞，從窗戶你可欣賞一直在變化的景色。」之意

右頁：「亞細亞號」的機關車和客車

❺「Streamlined 4-6-2 Type Locomotive」，「流線型的4-6-2式機關車」

❻「Baggage and Mail Car」，「行李及郵務車」

❼「3rd Class Passenger Car」，「三等客車」

❽「Dining Car」，「食堂車（餐車）」

❾「2nd Class Passenger Car」，「二等客車」

❿「1st Class Passenger and Observation Car」，「一等客車及展望車」

最著名及最有人氣的鐵路機關車及列車

小冊內頁的圖文說明 2

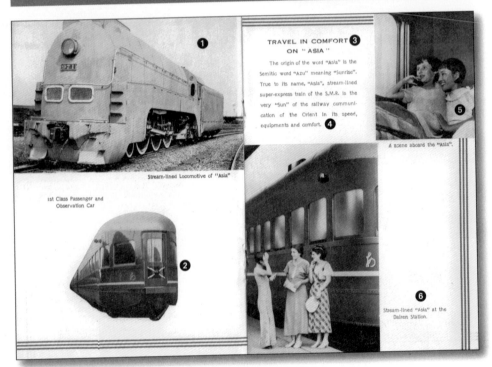

Stream-lined Locomotive of "Asia"

1st Class Passenger and Observation Car

TRAVEL IN COMFORT ON "ASIA"

The origin of the word "Asia" is the Semitic word "Azu" meaning "Sunrise". True to its name, "Asia", stream-lined super-express train of the S.M.R. is the very "Sun" of the railway communication of the Orient in its speed, equipments and comfort.

A scene aboard the "Asia".

Stream-lined "Asia" at the Dairen Station.

❶ 「Stream-lined Locomotive of "Asia"」
「亞細亞號的流線型機關車」

❷ 「1st Class Passenger and Observation Car」
「一等客車及展望車」

❸ 「TRAVEL IN COMFORT ON "ASIA"」
「亞細亞號旅途舒適」

❹ 「The origin of the word "Asia" is the Semitic word "Azu" meaning "Sunrise". True to its name, "Asia", stream-lined super-express train of the S.M.C. is the very "Sun" of the railway communication of the Orient in its speed, equipments and comfort.」
「"亞細亞"的字源是閃族語"亞祖"字意"日出"。正如其名,"亞細亞號",南滿州鐵道會社的流線型超特快速列車,就它的速度、設備和舒適是東方鐵路交通的最頂級」

❺ 「A scene aboard the "Asia"」
「"亞細亞號"車內的景緻」

❻ 「Stream-lined "Asia" at the Dairen Station.」
「流線型的『亞細亞號』在大連車站」

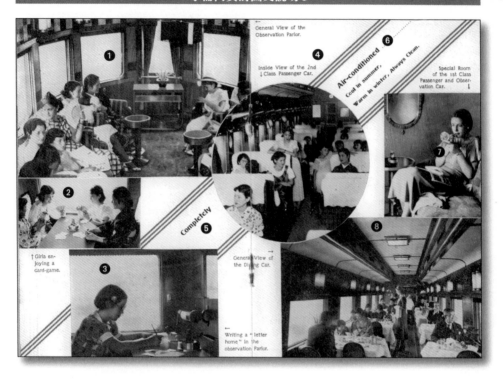

❶ 「General View of the Observation Palor.」，「展望室的全景」

❷ 「Girls enjoying a card game.」，「女孩子高興地在玩紙牌遊戲」

❸ 「Writing a "letter home" in the observation Palor.」，「在展望 室內寫家書」

❹ 「Inside View of the 2nd Class Passenger Car.」，「二等客車的內關」

❺ 「completely」，「全部地」

❻ 「Air-conditioned」，「空調」
「Cool in summer,」，「夏涼」
「Warm in winter, Always clean.」，「冬暖，隨時乾淨」

❼ 「Special room of the 1st Class Passenger and Observation Car」
「一等客車及展望車的特等房間」

❽ 「General View of the Dining Car.」，「食堂車（餐車）的全景」

小冊內頁的圖文說明 4

❶ 「MAP SHOWING THE ROUTE OF THE SUPER-EXPRESS TRAIN "ASIA"」，「顯示超級特快列車"亞細亞號"的路線（紅線）圖」

❷ 由南至北之停車站：Dairen大連、Tashihchiao大石橋、Mukden奉天（今瀋陽）、Ssupingkai四平街、Hsinking新京、Harbin哈爾濱

「Limited Express Charge of "Asia"」，「"亞細亞號"特快車的收費」

	「Up to 300km.」到300公里	「Up to 500km.」到500公里	「Up to 800km.」到800公里	「Over 801km.」801公里以上
	大連–大石橋 奉天–大石橋 奉天–四平街 新京–四平街 新京–哈爾濱	大連–奉天 奉天–新京 大石橋–新京 四平街–大石橋 四平街–哈爾濱	大連–新京 大連–四平街 奉天–哈爾濱 大石橋–哈爾濱	大連–哈爾濱
一等車	￥4.00	￥5.00	￥6.00	￥7.50
二等車	￥2.00	￥3.00	￥4.00	￥5.00
三等車	￥1.00	￥1.50	￥2.00	￥2.50

「Schedule」即「時刻表」之意

▲編號 No.11北上列車「大連～哈爾濱」		▼編號 No.12南下列車「哈爾濱～大連」
上午9時自大連出發，	大連	22時30分抵達大連
11時54分抵達大石橋，11時59分發車	大石橋	19時32分抵達大石橋，19時37分發車
13時47分抵達奉天（今瀋陽），13時52分發車	奉天	17時38分抵達奉天（今瀋陽），17時43分發車
16時02分抵達四平街，16時07分發車	四平街	15時25分抵達四平街，15時30分發車
17時30分抵達新京，17時40分發車，	新京	13時50分抵達新京，14時發車
22時30分抵達哈爾濱	哈爾濱	上午9時自哈爾濱新京出發

❶

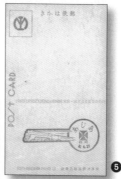

❺

❸

大連•新京間特急 "あじあ"
Dairen-Hsinking Limited Express "Asia,"

❷

❹

❶「亞細亞號」的流線型機關車在日本技師撤退回國後，因缺乏保養和維修，車身呈現朽化。目前全球僅存一輛存放在瀋陽蒸汽機關車博物館中，成為「鎮館之寶」，新館位於瀋陽市鐵西區重工北街64號，鐵西區森林公園西側，是中國最大的蒸汽機關車博物館。

❷ 大連•新京間特急 "あじあ"「亞細亞號」特快列車（機關車「973」號），Dairen Hsinking Limited Express "Asia"．（Locomotive No.973）

❸ 特急 "あじあ" 食堂車（「亞細亞號」特快列車的餐車），Interior of Dining Car, attached to Limited Express "Asia".

❹ "あじあ" 展望室と（和）後部標識（右下四方形），"Asia" 's Observation Room and its Mark at Ttrain's Rear.

❷❸❹ 三圖是當年先父在滿州國任職、搭乘「亞細亞號」時買的三張明信片（一套三張，賣價15錢），成為筆者的傳家寶。❺明信片的背面蓋「乘車日期」昭和10年6月27日紀念章。（昭和10年即1935年）

最著名及最有人氣的鐵路機關車及列車

②

①

③

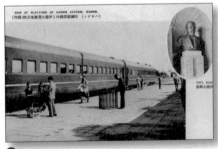

④

❶ 大連停車場ノ構內（THE DAIREN STATION）
滿州國時代的大連驛（車站），月台旁正停著一列由蒸汽機
關車牽引的旅客列車。

❷ 萬客迎送する奉天驛前大廣場（瀋陽車站前廣場）
THE CROWDED GREAT SQUARE IN FRONT OF
MUKDEN STATION.

❸ 新京驛の麗觀（長春車站）View of Hsinking Station

❹ 滿州國時代的哈爾濱驛（車站），在俄國控制的東清鐵
道時期興建，俄國式建築，車站前面牌樓的車站名刻著俄文
的哈爾濱「Харбин」。

❺ VIEW OF PLAT-FORM OF HARBIN STATION,
HARBIN，哈爾濱驛構內と伊藤公遭難地點標（圖片右上是
伊藤博文公爵的胸像）

「亞細亞號」列車正停靠在哈爾濱車站內的月台邊，月台上
用鐵欄杆圍起來的所在，就是伊藤博文遭襲之處。曾任日本
第一任內閣總理大臣（首相）和第一任韓國統監的伊藤博
文，在1909年10月（當時擔任第10屆樞密院議長），為解
決日俄在滿州和朝鮮的利益衝突，前往中國東北和俄國財政
大臣談判。當他乘坐的專用列車在10月26日9時抵達哈爾濱
車站，甫下車就被從人群中衝出的朝鮮愛國志士安重根連續
打中三槍達姆彈（dum-dum），不治身亡。

⑤

CHAPTER.2
南非 世界最豪華的客運列車—
「青藍列車」(The Blue Train)

 **1.源起**

　　1910年英國殖民勢力控制了所有南非各邦而成立了南非聯邦,接著積極開採黃金和鑽石,因此吸引世界各國的富豪、珠寶商、貴重金屬業者前來選購。南非鐵道當局為了載運頂級乘客,於是推出當時最豪華的列車稱為Union Limited and Union Express(「聯邦特快車」和「聯邦快車」之意),列車的車廂有完善照明設備並且提供冷熱水,車上服務人員的服務水準可以和當時歐洲的東方快車相比。「聯邦快車」在1933年加掛餐車,1939年推出附空調設備的寢室車。第二次大戰期間停止營運,1946年恢復營運,車廂外表漆上歐洲王室喜歡的皇藍色(royal blue),整列車外觀呈現鮮豔的青藍色(就是皇藍色),因此得到「The Blue Train」(青藍列車)的名號,而「Blue Train」在英文成為豪華列車的代名車。

 2.列車行程

一、表定制式行程:行程1600公里,全程包括中途下車旅遊的時間是27小時。

　　由普雷托里亞至岬鎮,在上午8點50分出發,隔天中午12點抵達,中途在金伯利(Kimberley)下車做短程旅遊。

　　由岬鎮至普雷托里亞,在上午11點出發,隔天下午13點45分抵達,中途在馬特意泉(Matjiesfontein)下車做短程旅遊。

　　自2008年起,將上行和下行的出發時間都改為上午8點50分,抵達時間都改為中午12點20分。

註:普雷托里亞(Pretoria)是南非行政首都所在地,岬鎮(Cape Town俗譯開普敦)是南非最大海港及立法首都(國會)所在地

最著名及最有人氣的鐵路機關車及列車

 二、特定包裝行程

特定包裝行程又分為兩種。

1.由普雷托里亞至位於印度洋岸的德班（Durban，南非第二大都市），包括在金巴利住兩夜。抵達後由專車載到金巴利住宿旅館（Kimbali Lodge），此地是南非著名的休閒渡假營區，有18洞的高爾夫球場、原始林園區、天然溪流和池塘等特殊自然景觀區，賓客們可以享受輕鬆、悠哉的天然泉水浸泡浴（spa）或淋浴。

2.由普雷托里亞至巴庫磅遊樂住宿旅館（Bakubung Game Lodge），包括在巴庫磅住兩夜，主要是由專業嚮導帶領遊覽「皮蘭斯堡國家公園」（Pilanesberg National Park），該原屬於自然生態公園，園區內有四百多種野生動物。

以上兩種行程的時刻表和票價可以查看「青藍列車」網站的公告事項。

另外還提供包車（Charter）服務，依顧客之要求而設計特殊行程。

❶ 南非共和國（Republic of South Africa，簡稱為RSA）在1982年發行一套南非著名建築物專題郵票，面值南非Rand 1的圖案主題，是位於岬鎮的國會大廈（HOUSES OF PARLIAMENT , CAPE TOWN）。

❷ 面值南非Rand 2的圖案主題，是位於普雷托里亞的聯邦政府建築物（UNIEGEBOU , PRETORIA）和周圍呈階梯式的花園（terraced gardens），1910年開始興建，1913年完工，目前是南非中央政府以及總統的辦公處。

❸ 南非共和國（Republic of South Africa，簡稱為RSA）在1983年10月12日發行一套南非著名海灘渡假勝地專題郵票，共四款，其中面值20分的圖案主題是德班海灘上的人潮。

註：UNIEGEBOU是Afrikaans文（南非用的古荷蘭文）的拼法，英文稱為Union Buildings。

 **3.時刻表**

南下行程時刻表：由普雷托里亞至岬鎮

第一天行程	
上午7：50至8：30	賓客在普雷托里亞車站報到和完成登記手續後，接著由車站接待人員引導賓客到專用餐廳享用早餐和各種飲料。
8：30	用完早餐的賓客由列車接待人員引導賓客上車進入車廂內的專屬套房，接著對賓客解說套房內各種設備如何使用（主要是衛浴設備和床鋪）。
8：50	準時啟程開車。
12：00至14：00	第一批午餐時間。
14：00至16：00	第二批午餐時間。
15：30	在公開交誼車廂（Lounge Car）提供附高級點心的下午茶（high tea）。
17：10市	列車抵達「金伯利」車站。賓客下車後被引導至鐵道博物館集合，搭乘遊覽車到金伯利中心，然後改搭舊式的市街路面電車前往露天礦場。
17：45	參觀露天礦場博物館。賓客們首先被引導至投擲鑽石骰子試試運氣贏得一顆鑽石，之後參觀有趣的歷史性景點以及帶到一段金伯利礦坑邊緣的斜坡路。
18：35	離開露天礦場博物館回到「金伯利」車站。在金伯利車站，賓客們接受雪莉酒（sherry高級白葡萄酒）的招待，每一位賓客用的是有「青藍列車」標誌玻璃杯，飲過後賓客們可帶走做為紀念品。
19：05	列車離開金伯利車站，向南前往岬鎮（俗譯開普敦）。賓客上車後可以到公開交誼車廂享用晚餐前的各種飲料。晚餐是列車上的正式盛宴，賓客們被要求穿著禮服，男性得打領帶或穿著傳統盛裝，女性則穿著晚禮服。
19：30	第一批晚餐就位。
21：15	第二批晚餐就位。

第二天行程	
7：00至10：00	早餐時間。賓客可到餐車享用，以先到先服務為原則。或依賓客要求，服務人員將早餐送到套房內。
12：00	列車抵達岬鎮車站。車站接待人員引導賓客到車站專用休息室。

最著名及最有人氣的鐵路機關車及列車

北上行程時刻表：由岬鎮（俗譯開普敦）到普雷托里亞

第一天行程	
10：00至10：30	賓客在岬鎮車站報到和完成登記手續後，接著由車站接待人員引導賓客到專用餐廳享用早餐和各種飲料。
10：30	用完早餐的賓客由列車接待人員引導賓客上車進入車廂內的專屬套房，接著對賓客解說套房內各種設備如何使用（主要是衛浴設備和床舖）。
11：00	準時啟程開車。
12：00至14：00	第一批午餐時間。
14：00至16：00	第二批午餐時間。
15：30	在公開交誼車廂（Lounge Car）提供附高級點心的下午茶（high tea）。
16：30	抵達「馬特意泉」車站，下車後遊覽45分鐘。接待人員引導賓客搭乘漆番茄紅色的倫敦雙層公車（the tomato-red London double-decker bus）做短途遊覽主要街道，參觀著名的「密那爵主旅館」（Lord Milner Hotel）和「老爺車博物館」（the old car museum），公車會停在一家酒吧前，賓客們接受雪莉酒（sherry高級白葡萄酒）的招待，每一位賓客用的是有「青藍列車」標誌玻璃杯，飲過後賓客們可帶走做為紀念品。賓客在街道上可以見到維多利亞時代的建築物和十九世紀倫敦的街燈柱，彷彿將時光倒退到殖民地時期。
17：15	賓客回到列車。
17：30	列車離開「馬特意泉」車站，向北前往普雷托里亞。賓客上車後可以到公開交誼車廂享用晚餐前的各種飲料。晚餐是列車上的正式盛宴，賓客們被要求穿著禮服，男性得打領帶或穿著傳統盛裝，女性則穿著晚禮服。
19：00	第一批晚餐就位。
21：00	第二批晚餐就位。

第二天行程	
7：00至10：00	早餐時間。賓客可到餐車享用，以先到先服務為原則（first come first service basis）。或依賓客要求，服務人員將早餐送到套房內。
13：45	列車抵達普雷托里亞車站。車站接待人員引導賓客到車站專用休息室。

5.列車組合

　　豪華列車有兩款，第一款提供82位賓客住宿的41間套房（每間套房可以住2位賓客）；第二款提供74位賓客住宿的37間套房、最後掛一節展望車廂（observation car）可做為會議之用。

　　因為列車總長度336公尺、包含18節車廂，其中11節是賓客使用的車廂（內舖地毯），列車總重量（不含機關車）825公噸，南非鐵道使用1067厘米窄軌距（和台灣鐵路幹線相同），所以列車的最高時速只有90公里。列車載運31000公升的水（主要做為洗浴之用），電源車內裝置兩部柴油發電機供應列車所需的動力。食品調理車（kitchen car）全部使用不鏽鋼質料，另外有一節完全自動空調車廂，車內有一間大型冷藏室和冷凍庫以確保酒品和所有食品材料的新鮮。

　　餐車（Dining Car）一次可提供42位賓客用餐，因此午餐和晚餐各分兩批用餐。

　　每一列車有兩節公開交誼車廂（Lounge），其中一節是可抽煙、另一節是不可抽煙，在下午提供附高級點心的下午茶，賓客們用完午餐或晚餐，可以在此享用正餐後的白蘭地酒（post-prandial cognac）。

　　列車上有一間高級珠寶禮品店（Jewellery Boutique），展售南非出產的各種玉石珠寶及金製項鍊、手飾，另外出售印有「青藍列車」標誌的各項紀念品，包括：

　　高爾夫球衫、帽子、紙牌、鐘錶、開信封用的小劍及皮件等。

 6.溫度控制

　　公眾使用的車廂裝置空調系統，在旅程中保持攝氏20至21度。在套房內有單獨調控攝氏18至24度的空調設備，此種系統採用水冷式及每間套房有個別通風口。在寒冷期間，則利用空調系統提供暖氣，此外在浴室的地板下也裝置暖氣設備。

 **7.套房**

　　列車中有兩節奢華車廂（luxury coach），每一節有三間附浴缸的套房；九節豪華車廂（De Luxe coach），每一節有四間套房，其中一間附浴缸、另外三間只附淋浴（shower）設備。套房內的床舖可收藏於隔牆上，使用時由服務人員將床

舖從牆上拉下來加以攤平，套房內備有白色棉質被套、高級羽毛被。所有套房內都有一張寫字桌擺在窗戶邊，桌上備有明信片供賓客使用。在奢華車廂的套房內另外加裝視聽設備，賓客可以欣賞自選的音樂和影片。當旅程結束時，每一位賓客都會接到列車主管人員所贈送的特殊品牌禮物。

 ## 8.設備

每一間套房裝置內部通訊電話，賓客若需要服務時可以使用內部電話通知列車經理或服務人員，需要打外部通訊電話時由服務人員負責轉接，列車經理（即列車長）室有傳真機設備。套房服務項目包括送餐點和飲料至套房、送洗衣服、早晨起床之電話呼叫、身體不適之救助呼叫，列車上有一位急救人員隨行。列車裝設播音系統，每一節車廂和每一間套房都裝置擴音器，列車上的每位賓客和服務人員隨時都可以收聽到廣播。

列車內裝置一套閉路電視系統，機關車的操控席上方裝置一架電視攝影機，賓客們可以在套房內或公開交誼車廂內透過專用頻道電視機，看到和司機相同視野的機關車前方景觀。

列車還提供兩項特殊服務，一是郵局替賓客提供郵寄信件服務，出售郵票和印上「青藍列車」標誌的信封、明信片。二是列車上有兩位鐵道技師隨時接受鐵道迷的詢問，並且很樂意和鐵道迷分享他們的工作經驗和「青藍列車」相關的知識。

因為「青藍列車」上的設備豪華、完善，票價也很豪華，所以被國際旅遊業者稱為鐵路上「可行動的五星級旅館」。

 ## 9.票價

先依套房等級、再按淡季和旺季區分。
套房分為奢華級個人、奢華級雙人、豪華級個人、豪華級雙人使用等四種。
淡季：1月1日至8月31日、11月16日至12月31日
旺季：9月1日至11月15日

2007年		
套房等級	淡季票價	旺季票價
奢華級個人使用	南非Rand 13310	南非Rand 16415
奢華級雙人使用	南非Rand 8875	南非Rand 10945
豪華級個人使用	南非Rand 12320	南非Rand 15200
豪華級雙人使用	南非Rand 8215	南非Rand 10135
2008年		
套房等級	淡季票價	旺季票價
奢華級個人使用	南非Rand 13925	南非Rand 17170
奢華級雙人使用	南非Rand 9285	南非Rand 11550
豪華級個人使用	南非Rand 12890	南非Rand 15900
豪華級雙人使用	南非Rand 8595	南非Rand 10605

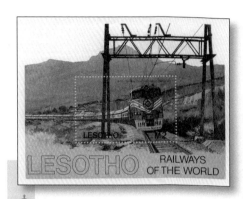

2008年8月20日匯率1美元換7.7365南非Rand，1南非Rand約合新台幣4.0576元。依2008年最便宜的豪華級雙人使用淡季票價每人8215南非Rand計算，約合新台幣33333.18元，的確不便宜，乘客以歐美人士居多、其次是日本人。

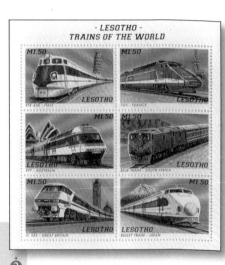

❶ 位於南非境內的小國家賴索托（LESOTHO，全國被南非共和國包圍）在1980年10月20日發行一款世界之鐵道專題（RAILWAYS OF THE WORLD印在右下角）小全張，面值M2，圖案主題是1972年南非鐵道（South African Railways）由電力機關車牽引的青藍列車（The Blue Train）。

❷ 賴索托（LESOTHO）在1996年9月1日發行一款小版張，圖案以世界著名高速列車為主題，小版張內有六枚郵票面值都是M1.50。其中位於右排中間的圖案主題是南非的青藍列車（BLUE TRAIN），背景是岬鎮（俗譯開普敦）的平台山。

其他五枚的圖案主題是

左上：義大利的ETR450鐘擺式電力列車，背景是比薩斜塔。

右上：法國的TGV高速電力列車，背景是巴黎的艾菲爾鐵塔。

左中：澳洲的XPT柴油電動列車，背景是雪梨的歌劇院。

左下：英國的IC 255柴油電動列車，背景是倫敦的國會大樓。

右下：日本的子彈列車（BULLET TRAIN）——東北、上越新幹線使用的200系電力列車，背景是富士山。

最著名及最有人氣的鐵路機關車及列車

❶ 賴索托（LESOTHO）1993年9月24日發行一款小全張，內含一枚面值M7的郵票，圖案主題是南非鐵道在1969年製造的6E級（SOUTH AFRICAN RAILWAY；CLASS 6E Bo-Bo兩組台車、各有兩軸動輪）電力機關車，車身漆成青藍色是牽引「青藍列車」的機關車。小全張圖案左下方是南非鐵道25級蒸汽機關車（1953年製造，因為牽引「青藍列車」所以車身漆成青藍色）、左中方是南非鐵道24級第3652號蒸汽機關車（1948年製造）的橢圓形編號銘版（銘版上弧印英文「SOUTH AFRICAN RAILWAYS」和下弧南非荷蘭文「SUID AFRIKAANSE SPOORWEE」即南非鐵道之意）。

註：6E級電力機關車，採3KV DC直流電力供應，動輪直徑1.22公尺，車身長15.494公尺，車身寬2.895公尺，車身高4.089公尺，重量88.9噸，最快時速112公里。

「6E」級編號：E1146-1225 (80輛)「6E 1」級編號： E1226-2185 (960輛)

「6E 1」級共生產了960輛，成為南非鐵道也是世界上生產數量最多的一種電力機關車。

「6E 1」級編號E1525經改裝成試驗型機關車後，1978年12月在中途（Midway）站和接近約翰尼斯堡的威斯托納里亞（Westonaria）之間的三公里多路段，創下世界窄軌距鐵道的最快記錄一時速245公里（153英里）。

◆南非在1983年4月27日發行一套蒸汽機關車郵票，共4款，其中兩款曾經牽引過快速客運列車。

❷ 面值20分的圖案主題是1935年製造的16 E級蒸汽機關車，曾牽引過「日落特快車」（Sunset Limited）。車軸配置方式4-6-2（4個導輪、6個動輪、2個從輪），動輪直徑6英尺（1.8288公尺），車身長71英尺8¼英寸（21.85公尺），總重量170噸。

❸ 面值20分的原圖卡，郵票上蓋1983年4月27日發行首日郵戳。

❹ SA09面值40分的圖案主題是1946年製造的15F級蒸汽機關車，曾牽引車過「青藍列車」，機關車的除煙鈑外側漆「青藍列車」的標誌。軸配置方式4-8-2（4個導輪、8個動輪、2個從輪），動輪直徑5英尺（1.524公尺），車身長73.5英尺（22.4028公尺）。

❺ 面值40分的原圖卡，郵票上蓋1983年4月27日發行首日郵戳。

最著名及最有人氣的鐵路機關車及列車

 為配合青藍列車上的郵局出售明信片業務、賓客郵寄明信片必需貼用的航空郵票，南非（SOUTH AFRICA）郵政當局在1998年發行一套直式連刷郵票，郵票上並無面值，售價係按照當時郵局公佈的航空郵寄明信片費率（AIRMAIL POSTCARD RATE）計算，圖案主題是青藍列車經過不同的路段，牽引機關車的型式和路段標題印在圖案外的下緣，由上而下共五款依序是

1.「DOUBLE-HEAD CLASS 6E 1 ELECTRIC LOCOMOTIVES，CAPE TOWN TO BEAUFORT WEST」「雙頭6E 1級電力機關車，岬鎮至西美堡」

2.「DOUBLE-HEAD CLASS 6E 1 ELECTRIC LOCOMOTIVES，HEX RIVER VALLY」

「雙頭6E 1級電力機關車，赫克斯河谷」

3.「1960S STEAM POWERED LOCOMOTIVES BETWEEN THREE SISTERS AND HUCHINSON」「1960年代二重連蒸汽動力機關車 在三姊妹和哈欽生之間」

4.「DIESEL LOCOMOTIVES，MODDER RIVER BRIDGE NEAR KIMBERLEY」

「二重連柴油發電式機關車 靠近金伯利的莫德河鐵橋」

5.「DIESEL LOCOMOTIVES，NORTHERN PROVINCE」

「二重連柴油發電式機關車 北方省」

註：其中機關車屬於1953年製造的25NC級，車軸配置方式4-8-4（4個導輪、8個動輪、4個從輪），動輪直徑5英尺（1.524公尺），車身長107.5英尺（32.766公尺），總重量238噸。

① 位於西非的剛比亞（The Gambia）2001年7月31日發行一套世界著名機關車及列車專題郵票，其中面值D15的圖案主題是6E級電力機關車牽引青藍列車，圖案上緣印一段英文「"The Blue Train" Cape Town to Pretoria South Africa」即「青藍列車 岬鎮至普雷托里亞 南非」之意。

② 位於西非的幾內亞共和國（République de Guineé）幾內亞郵政局（Office de la Poste Guineénne）發行一款非洲列車（TRAINS D'AFRIQUE）專題小全張，內含一枚面值4000 f 法郎的郵票，圖案主題是1969年由5E級電力機關車（BoBo兩組台車、各有兩軸動輪）牽引的青藍列車（Blue Train），郵票右下印「JOHANNESBURG，Le Cap Afrique du Sud」即「約翰尼斯堡」（南非最大都市）、「岬鎮」、「南非」之意。

③ 位於西非的獅子山（Sierra Leone）在2004年12月23日為紀念世界第一輛蒸汽機關車發明兩百周年而發行一款小全張，面值 Le5000，小全張右上印蒸汽機關車兩百周年紀念標誌（STEAM BICENTENARY 1804-2004），圖案主題是行進間的青藍列車（THE BLUE TRAIN），本小全張係源自南非鐵道的行銷宣傳照片（下頁）所製作。

最著名及最有人氣的鐵路機關車及列車

 南非鐵道的行銷宣傳照片。

2 義大利的模型鐵道製造商「利馬」（LIMA）在1980年代末期曾發行「黃金系列」（GOLDEN SERIES）的豪華珍藏版。

筆者在1989年暑期前往紐約探親時，從美國模型鐵道雜誌得知當地最大的模型鐵道零售店「Trainworld」（列車世界）正在舉行歐洲品牌特賣，於是把握難得良機，搭地下鐵到該店參觀選購，此行頗有收穫買到了6組「利馬」（LIMA）豪華珍藏版，其中有一款就是「HO比例」南非的「青藍列車」（THE BLUE TRAIN），內容包含一輛編號「34 684」的柴油發電動力機關車及三輛豪華客車。

3 南非的「青藍列車」（THE BLUE TRAIN）柴油發電動力機關車特寫

CHAPTER.3
歐洲跨國合作「東方快車」
(THE ORIENT EXPRESS)

 ## 1.「東方快車」的起源

　　比利時商人那格馬克爾斯（Georges Nagelmackers）創辦了第一列橫貫歐洲大陸的快車，1883年6月5日開始營運（在一般列車中掛兩輛寢車），最初的路線是從巴黎的東站出發，經法國史特勞斯堡、南德的慕尼黑、奧地利的維也納、匈牙利的布達佩斯、羅馬尼亞的布加雷斯特，然後在羅馬尼亞南部的就爾就（Giurgiu）搭乘渡輪過多瑙河後，在保加利亞北部的魯塞（Ruse）轉乘列車經過7小時到達保加利亞瀕黑海的瓦爾那港（Varna），再換乘汽船經過14小時抵達終點土耳其的伊斯坦堡（當時稱為Constantinople 康斯坦丁堡）。因為土耳其位於歐洲的東方，所以將橫貫歐洲大陸的東西行快車稱為「東方快車」。

　　1889年巴黎直通伊斯坦堡的鐵路完工，於是在1889年6月起每天下午18點25分由巴黎的東站發車，每天有一列

獅子山（SIERRA LEONE）在2000年1月15日發行一款東方快車紀念小全張，內含一枚郵票面值Le 5000，圖案主題是「東方快車」的創始人——那格馬克爾斯，右下印一段英文：「GEORGES NAGELMACKERS, a Belgian railroad buff ,was impressed by the American , George Pullman , who invented the first sleeping car in1859. Nagelmackers emulated Pullman's Pan-American railroad in Europe and founded the "Compagnie Internationale des Wagons-Lits " in 1864.」即「格歐格斯．那格馬克爾斯」，一位比利時的鐵路迷，受到美國人，就吉．普爾曼的影響，他在1859年創作了第一輛的寢台（臥舖）車。那格馬克爾斯在歐洲效仿普爾曼的泛美鐵路，於1864年創立了「國際寢台車公司」之意。

左下是位於巴黎的里昂車站（Gare de Lyon），該站是為了1900年在巴黎舉行的世界博覽會而興建（The station was built for the World Exposition of 1900.）。該站以位於法國東南部的大都市一里昂為名，由巴黎開往法國南部或東部的列車在本站搭乘，現今是巴黎大都會區的六大車站之一。

左上是早期牽引「東方快車」的法國蒸汽機關車。

最著名及最有人氣的鐵路機關車及列車

開往維也納及布達佩斯的列車，每逢星期一、星期五有一列開往布加雷斯特的列車，每逢星期日、星期四有一列開往貝爾格勒及伊斯坦堡的列車，營運路線改經貝爾格勒（Belgrade，前南斯拉夫首都）、保加利亞首都索菲亞，在第三天下午16點抵達終點伊斯坦堡，雖然路程僅縮短65公里（原來全程2988.47公里），但是所需時間卻從81小時40分縮短為67小時35分，換言之不到三天就可跑完全程，以當時的科技而論是最快速的交通工具。列車中有寢車（sleeping car）、餐車及設有吸煙室和更衣室的交誼廳車，內部鋪設波斯地毯、絲絨帷幕、桃花心木鑲板、西班牙軟皮沙發椅，因為列車經過七個國家，所以餐車提供各國最精緻料理。東方快車標榜豪華與舒適，因此吸引歐洲社會名流、政治領袖、皇室貴族搭乘。

1891年，東方快車 Express d'Orient（法文）正式改名為 Orient Express。

 ## 2.第一次世界大戰期間停止營運

第一次世界大戰在1914年7月28日爆發後，東方快車宣佈停止營運，直到大戰結束後在1919年才恢復營運。

大戰結束時，應法國政府的要求，東方快車的第2419D號食堂車被改裝成福煦元帥的移動辦公室，1918年

❶ 位於印度洋的馬爾地夫（MALDIVES）在1989年12月26日發行一套鐵路偉大先行者專題郵票，其中面值Rf 8的圖案主題是「格歐格斯．那格馬克爾斯」肖像和創辦當時「東方快車」的餐車內部，圖案下方印一段英文：「GEORGES NAGELMACKERS, INAUGURATED THE ORIENT EXPRESS. 1869」即「1869年格歐格斯．那格馬克爾斯開創了東方快車」之意。

❷ 位於印度洋的馬爾地夫（MALDIVES）在1989年12月26日發行一款鐵路偉大先行者專題小全張，其中面值Rf 18的圖案主題是「就吉．普爾曼」肖像和它創作的寢台（臥舖）車，圖案下方印一段英文：「GEORGE PULLMAN, BUILT THE FIRST SLEEPING TRAIN CARS. 1864.」即「就吉．普爾曼創作了第一輛的鐵路寢台（臥舖）車」之意。

❸ 羅馬尼亞（ROMANA）在1983年12月30日發行一枚東方快車一百周年紀念小全張，面值10L，圖案主題是1883年從布加勒斯特北站（GARA de NORD）出發的第一列東方快車，背景是現代不定期的旅遊觀光列車路線圖，中下方蓋首日紀念郵戳。本枚屬於限量發行的編號小全張，編號011532印在左下角，發行125,000張。

11月11日，德國和協約國代表就在本節車廂內簽訂著名的第一次世界大戰停戰協定——《共撒紐停戰協定》（因車廂停在位於法國北部的Compiègne Forest共撒紐森林）。

3.舞孃「瑪塔‧哈莉」是女間諜？

　　瑪塔‧哈莉在年幼時，父親因經商失敗而離家出走，在她13歲時母親憂鬱成疾去世，之後被教會領養。19歲時嫁給一位大她21歲的荷蘭海軍軍官，結婚八年後離婚，獨自帶著小女兒前往巴黎謀生。1905年開始表演充滿東方情調的艷舞，由於裝扮大膽、暴露誘人的姣好身材，因此一夜成名，不僅成為巴黎的交際花，還成為英法兩國高級軍官的情婦。依據法國軍情單位的說法，在1917年1月，法國的軍情員截獲一位代號H-21德國間諜所收集的情報，經研判後，認定H-21就是瑪塔‧哈莉。但在這封電報中使用了先前已經被法國軍情單位破解的密碼，因此對以後想要查明真相的歷史學家而言，的確留下了很多疑點，很多人猜測是否有人故意陷害

❶ 1979年6月8日匈牙利（MAGYAR）為紀念在漢堡舉辦的國際交通展發行一套世界鐵路發展專題郵票，全套共七枚郵票，圖案以著名的機關車或列車為主題，每一款郵票印展覽會的標誌IVA'79，IVA是德文國際交通展的簡寫。其中面值2 Ft的圖案主題是1883年匈牙利的MÁV I.e. SOR.型蒸汽機關車牽引當年首次通行的「東方快車」（匈牙利文ORIENT EXPRESSZ）。

❷ 1984年11月5日位於南非的賴索托（LESOTHO）發行一套世界鐵道著名機關車專題郵票，其中一款面值6S的圖案主題是1900年製造的法國東部鐵道「蒸汽機關車牽引東方快車。

❷ OE07◆法國在1978年11月11日發行一款第一次世界大戰停戰（1918-1978 ARMISTICE）60周年紀念郵票，面值1.20法郎，圖案是位於雷通德斯廣場CARREFOUR DE RETHONDES的停戰紀念碑（左下）和簽署停戰協定的第2419D號食堂車。

　　1919年2月，東方快車恢復營運，每星期兩班列車，從巴黎出發、經由瑞士的蘇黎世（Zurich）以及阿爾堡陷口（Arlberg Pass）進入奧地利，然後抵達維也納、布達佩斯和布加勒斯特，因為經過阿爾堡，此款列車稱為「阿爾堡－東方快車」。

最著名及最有人氣的鐵路機關車及列車

獅子山（SIERRA LEONE）在2000年1月15日發行一款東方快車紀念小全張，內含一枚郵票面值Le 5000，圖案主題是著名舞孃「瑪塔‧哈莉」（MATA HARI按梵文係「神之母」之意）的華豔裝扮。小全張圖案中央是1910年代的東方快車海報（圖案上方是伊斯坦堡的聖索菲亞大教堂、右下是由巴黎經維也納至康斯坦丁堡的列車時刻表），小全張圖案的右下是當時君士坦丁堡的街道，小全張圖案的右上印一段英文：「MATA HARI（Margaretha Gertrud Zelle）, originally a dancer, was born in Leeuwarden-Holland 1876. She frequently traveled on the Orient Express, often as a spy for the Germans. She was condemned to death and executed in Vincennes, outside Paris in 1917.」即「藝名：瑪塔‧哈莉（原名：瑪加蕾塔‧葛出得‧且爾），原本是一位舞者，1876年出生於荷蘭的累瓦登。她時常乘東方快車旅行，常常充當德國人的間諜。1917年被判處死刑，並於巴黎郊外的文森內處決」之意。

她（按當時傳言，一群風流高官的太太想盡辦法要除掉這位妖婦），或許正如瑪塔‧哈莉自己所言，她是在以雙重間諜的身份為法國效命，而德國人只是為了借刀殺人，法國軍情單位中了反間計。

1917年2月13日，瑪塔‧哈莉在她在巴黎的酒店寓所中被捕。當時法國在第一次世界大戰中正處於劣勢，將士們在戰場上死傷慘重，士氣低迷不振，所以法國當局急著找個倒霉的代罪羔羊。而瑪塔‧哈莉豔名大噪，正是最適當的人選，她被指控為德國間諜，必需對於犧牲的將士負責，可以緩和輿論對當時局勢的批評。儘管在法庭上的很多假定都僅僅來自於推測，其中有一點認為她經常搭乘東方快車旅行就推定她在各地搜集和傳遞情報，雖無確切證據，但她仍然被判定有罪，最後在10月15日被槍決，得年41歲。

近代史學家依當時戰況史料來評論，對瑪塔‧哈莉被指控為間諜都認為難以服眾，因為在她被捕之後，德軍的攻勢更猛，1918年3月至7月，德軍接連在西線戰場發動5次大規模的攻勢。1918年5月底，德軍發動第三次攻勢，

MATA HARI (Margaretha Gertrud Zelle), originally a dancer, was born in Leeuwarden-Holland 1876. She frequently traveled on the Orient Express, often as a spy for the Germans. She was condemned to death and executed in Vincennes, outside Paris in 1917.

成功地突破法軍的防線甚至進逼到距巴黎僅37公里之處，由此可以證明法國軍情單位似乎都無法精確掌握情報資料，直到美國遠征軍陸續抵達後才扭轉戰局。所以有些學者認為瑪塔‧哈莉的犧牲很可能是當時法國軍方的誤判而造成在諜報網上無法彌補的損失。

 ## 4.辛普倫－東方快車

辛普隆隧道長19.803公里，是當時世界最長的隧道，穿過瑞士和義大利的國界，瑞士方面（Swiss side）在1898年8月1日動工，義大利方面（Italian side）在1898年8月16日動工，1905年2月24日隧道完成貫通，雙方工人相會時，高度僅差了9公分，方位僅差了20公分，1906年5月10日開始營運通車。1919年4月11日東方快車的南移路線開始加入營運，從巴黎的里昂車站（Gare de Lyon）出發，穿過辛普隆隧道，經瑞士的洛桑（Lausanne），通到義大利北部的米蘭（Milan）、威尼斯（Venice）、特里斯特（Triest），再前往貝爾格勒（Belgrade），1920年延到伊斯坦堡，比經由維也納的行程減少了四百多公里。在此段路線營運的列車，因為穿過辛普隆隧道，所以稱為辛普倫－東方快車（Simplon Orient Express），行車平均速度約為每小時50公里，從巴黎到伊斯坦堡大約需要兩天半。

 ## 5.換新車廂

1922年起，木製的R級寢室車逐漸地被新造的鋼製S級寢室車替換，新車廂車身塗藍色以及金色的紋飾和字體取代了塗亮光漆的柚木體早期型車廂（the varnished teak of earlier Wagons-Lits cars）。自1925年起，藍色和金色的全鋼體的餐車（dining cars）取代了舊式的食堂車（restaurant cars）。

 ## 6.1930年代是東方快車的鼎盛時期

1930年代有東方快車、辛普隆－東方快車、阿爾堡－東方快車等三款列車同時在歐洲大陸的主要橫貫鐵路系統

瑞士（HELVETIA）在1956年3月1日發行一枚辛普隆（SIMPLON）隧道通車50周年紀念郵票，面值10分，圖案主題是瑞士聯邦鐵道的電力機關車牽引列車通過辛普隆隧道北口。

最著名及最有人氣的鐵路機關車及列車

1985年5月14日庫克群島（COOK ISLANDS）發行行一套世界著名的蒸汽機關車和列車專題郵票，其中面值3.40元的圖案主題是車軸配置方式2C1（兩軸導輪、三軸動輪、一軸從輪）型的蒸汽機關車牽引東方快車。

上營運，可以稱得上是東方快車的鼎盛時期。

東方快車（Orient Express）營運期間1883-1914年，1919-1939年，1945-1962年。

每星期有三班，從巴黎東站（Gare de l'Est）出發，經史特勞斯堡、慕尼黑、維也納、布達佩斯，其中有從加來（法國北部海港，接運來自倫敦的旅客）和巴黎出發到布加雷斯特和雅典的掛寢室車廂列車，至於從巴黎通到伊斯坦堡的列車在貝爾格勒和「辛普倫－東方快車」會合後再開到伊斯坦堡。

辛普倫－東方快車（Simplon Orient Express）營運期間1919-1939年，1945-1962年。掛寢室車廂列車每天從卡來和巴黎里昂車站出發，經法國的第戎、瑞士的洛桑、米蘭、威尼斯、特里斯特、札格雷布（克羅埃西亞的首都）、貝爾格勒、索非亞（保加利亞的首都），到達伊斯坦堡，另外每天還提供通到雅典的掛寢室車廂列車。

從「卡來和巴黎」到「特里斯特」的列車使用最豪華的LX-class級寢室車廂，從「卡來和巴黎」到「伊斯坦堡和雅典」的列車使用通常的S級寢室車廂。

阿爾堡－東方快車（Arlberg Orient Express）營運期間1919-1939年，1945（9月27日恢復營運)-1962，1962-1990年。當一星期中東方快車停開的那一天，就發出後補的阿爾堡－東方快車，每星期有三或四班，從卡來和巴黎東站出發，經瑞士的巴塞爾、蘇黎世、奧地利的因斯布魯克、維也納、布達佩斯，到達布加雷斯特；或是由巴黎東站出發，經上述路線，到達雅典。

7.幻想懸疑小說《東方快車謀殺案》

由於東方快車的名氣和魅力引起許多作家的好奇與幻想，因此不少名作家親自搭乘體驗而啟發寫作靈感，其中包括法國名作家埃德蒙·阿布（Edmond About）親自

搭乘1883年10月4日第一班正式的東方快車（全由專用豪華車輛編成）將途中見聞寫成一本遊記。最有名氣的是英國女作家阿嘉莎‧克莉絲緹（AGATHA CHRISTIE）曾多次搭乘東方快車，根據1929年冬天一列向西行的東方快車在離伊斯坦堡130公里的徹克斯克位（Tcherkesskeuy）被大雪困了五天的實際報導而改編，在1934年出版懸疑小說《東方快車謀殺案》（Murder on the Orient Express）十分暢銷，結果使得東方快車名氣大噪，簡直是替東方快車做廣告。1974年著名美國電影導演「悉尼‧魯枚特」（Sidney Lumet）依據小說情節，除了由「阿爾伯特‧費尼」（Albert Finney）擔任探長，另外邀請「史恩‧康納萊」（Sean Connery主演007電影而成名）、「英格麗‧褒曼」（Ingrid Bergman）等國際大明星助陣飾演快車乘客拍成電影。主要情節是一列東方快車在南斯拉夫與捷克交界的山區中被大雪所困，一名美國乘客在包廂內被刀刺死，身中12刀，探長將所有乘客集中於餐車，一一對質偵訊，希望找出兇手。最後探長查出12位乘客和死者有直接或間接關係，並且對死者痛恨不已，死者曾綁架殺人遭判處死刑後卻逍遙法外，他們謀殺的目的在於為親人、朋友復仇，而不是出於金錢利益，所以每位乘客都會對其他的乘客提出「案發當時不在場」的合理辯解，探長認為12位乘客是出於正義感的報仇，因此他將兩種推論報告在列車中的「國際寢台車公司」董事，並且請董事做出裁示，董事選擇對12位乘客最有利的推論──「兇手利用東方快車被雪堆困住時跳車逃走了」。

❶ 格瑞那達（GRENADA）在1982年10月4日發行一套世界著名的蒸汽機關車及列車專題郵票，共六枚，其中面值30C分的圖案主題是南斯拉夫的05型蒸汽機關車牽引「東方快車」（THE ORIENT EXPRESS）在冬天穿越南斯拉夫山區。

❷ 獅子山（SIERRA LEONE）在2000年1月15日發行一款東方快車紀念小全張，內含一枚郵票面值Le 5000，圖案主題是英國女作家阿嘉莎‧克莉絲緹（AGATHA CHRISTIE），右下角是法國名作家埃德蒙‧阿布（Edmond About）頭像，右上是克莉絲緹的素描頭像，背面是交誼廳車內的桃花心木鑲板，左上是1920年的東方快車宣傳海報，主題是伊斯坦堡著名的地標──聖索菲亞大教堂。左下印一段英文：「AGATHA CHRISTIE, a celebrated British author was born in 1891.She brought even greater fame to the Simplon Orient Express with her novel , " Murder on the Orient Express" , 1934 , which was inspired by an actual incident when the Orient Express was blocked by snow.」即「阿嘉莎‧克莉絲緹，一位有名氣的英國作家生於1891年。她的1934年小說《東方快車謀殺案》帶給她甚至比辛普倫東方快車更有名望，係由於東方快車被雪所困的實際事故而引發構思」之意。

AGATHA CHRISTIE, a celebrated British author was born in 1891. She brought even greater fame to the Simplon Orient Express with her novel, "Murder on the Orient Express", 1934, which was inspired by an actual incident when the Orient Express was blocked by snow.

最著名及最有人氣的鐵路機關車及列車

8.直達東方快車營運期間1962-1977年

　　由於科技進步，東方快車終究敵不過噴射客機，因為從巴黎到伊斯坦堡搭東方快車需用55個小時，而搭噴射客機只要四個小時，東方快車的乘客數自1960年代開始減少。1962年，辛普倫－東方快車退出營運，被車速較慢的直達東方快車（Direct Orient Express）取代。直達東方快車的載運方式有下列幾款：

A.每日一班附寢室車和座席車的列車從卡來出發、經巴黎、米蘭、到達威尼斯

B.每日一班附寢室車和座席車的列車從巴黎里昂車站出發、經米蘭、威尼斯、特里斯特、到達貝爾格勒

C.每星期兩班附寢室車和座席車的列車從巴黎出發、經貝爾格勒、到達伊斯坦堡

　　原先是每星期有三班（後來改為兩班）附寢室車和座席車的列車從巴黎出發、經貝爾格勒、到達雅典。

　　此外在1962年，原有「巴黎–布達佩斯」「巴黎–布加雷斯特」附寢室車的亞爾堡－東方快車停止營運，亞爾堡－東方快車改走「巴黎–蘇黎世–印斯布魯克–維也納」路線，直到1990年代。之後，前往印斯布魯克和維也納的路線停止營運，改採「巴黎–蘇黎世–瑞士的庫爾」路線。

　　1976年，每星期兩班由巴黎至雅典附寢室車的直達東方快車退出營運。

　　1977年5月19日23點56分，由巴黎里昂車站（Gare de Lyon）開出前往伊斯坦堡的最後一班列車，到達終點站後，直達的東方快車業務終於劃下休止符。

9.「威尼斯‧辛普倫－東方快車」營運期間1982-2005年

　　詹姆斯‧薛務德（James Sherwood）是一位在美國出生、在英國經營海運貨櫃公司（Sea Containers Ltd）致富的商人，本身除了是位運輸界的達人也是一位鐵道迷，深知東方快車的魅力猶存，不少歐美高層人士仍然十分懷念它，當1980年代全球步入景氣時代，掌握旅遊業的新興商機——懷古雅興及觀光鐵道遊，於是買下1920、1930年代舊的東方快車豪華客車並加以整修。1982年5月25日東方快車迎接新的豪華旅遊時代，經重新整裝後再度出發，每週兩班，星期五、日上午11時44分各一班次，因為起點是倫敦（旅客換乘渡輪過英國和法國間的海峽）經巴黎、瑞士的辛普隆隧道、終點是威尼斯，所以列車名稱為「威尼斯‧辛普倫－東方快車」（Venice Simplon Orient Express簡稱V.S.O.E.）。另外一種是不定期的旅遊觀光列車，稱為Nostalgic Orient Express簡稱N.O.E.。

10.現今的「東方快車」

在2001年6月21日，由巴黎到布達佩斯、附寢室和座席車廂的東方快車停止營運，附寢室車廂的東方快車只經營由巴黎到維也納的按時刻表行車路線。

因為法國高速鐵路的東線從巴黎到史特勞斯堡路段在200年6月10日開始營運，東方快車只保留史特勞斯堡到維也納路段營運。

蒙古（MONGOLIA）1992年5月24日發行的東方快車紀念小版張（將不同圖案票印在一小版張，英文稱為sheetlet），內有八枚案票，面值（蒙古幣制100Mung＝1Tugrik）

和主題分別是：

左上面值3 T：《1931 Orient Express Poster Design》1931年東方快車宣傳海報

右上面值3 T：《1928 Poster Design》1928年宣傳海報（由左至右是英國國會、巴黎的艾菲爾鐵塔、伊斯坦堡的聖蘇菲亞大教堂）

左第2面值6 T：《THE ORIET EXPRESS Dawn departure》東方快車黎明時出發

右第2面值6 T：《The Golden Arrow departs London's Victoria Station》

東方快車由倫敦至多佛海港之路段，由英國的金箭號蒸汽快車擔當。

圖中英國的金箭號正離開倫敦的維多利亞車站。

左第3面值8 T：《The Orient Express waits to depart a station in Yugoslavia》

東方快車正在待機從南斯拉夫的車站出發。

右第3面值8 T：《Turn of the century "Orient Express"》回顧一百年前的東方快車。

左下面值16 T：《THE ORIET EXPRESS Flèche d'Or approaching Étaples》

東方快車由加來海港至巴黎之路段，由法國的金箭號蒸汽快車擔當。

圖中法國的金箭號正在過橋接近Étaples愛塔普雷（位於加來海港的南部）

右下面值16 T：《THE ORIET EXPRESS Arrival in Istanbul》東方快車抵達終點——伊斯坦堡。

❶ 蒙古（MONGOLIA）1992年5月24日發行的東方
快車紀念小全張

小全張最上印「The Golden Arrow - Pullman Car
Company」即「金箭–專人服務車輛公司」之意
，左上漆黃、咖啡色的客車就是「金箭–專人服務
車輛公司」所屬的車輛，右上漆青藍色的客車就
是「國際寢車及大歐洲快車公司」所屬的車輛。
鐵軌下方印一行法文：

Compagnie Internationale des Wagons-Lits et
des Grands Express Européens

英文名稱

(English: The International Sleeping-Car and
Great European Expresses Company)

即「國際寢台車及大歐洲快車公司」之意。

小全張內含兩枚郵票，左下是「金箭–專人服務車
輛公司」的標誌，右下是「國際寢車及大歐洲快
車公司」的標誌，東方快車的客車由上述兩間公
司提供。

❷ 蒙古（MONGOLIA）1992年5月24日發行的東方
快車紀念小全張

小全張中含一枚郵票，圖案主題是東方快車抵達
車站時，前往搭車的乘客和參觀的群眾，襯底是
1930-1931年東方快車的營運路線圖：

●紅色實線（倫敦LONDON–加來Calais–巴黎
PARIS–第戎Dijon–洛桑Lausanne–米蘭Milano–
威尼斯Venezia–札格雷布Zagreb–貝爾格勒
BEOGRAD–索菲亞SOFIA–伊斯坦堡Istanbul）
表示「辛普倫–東方快車」（SIMPLON ORIENT
EXPRESS）的營運主線，紅色虛線（向東至布
加勒斯特BUCUREST 向南至雅典ATHÈNES）表
示「辛普倫–東方快車」（SIMPLON ORIENT
EXPRESS）的營運支線。

●黑色實線有兩條主線

一表示由柏林BERLIN經德勒斯登Dresden、
布拉哈PRAHA、維也納WIEN、布拉提斯拉瓦
Bratislava、布達佩斯BUDAPEST、到貝爾格勒
再前往伊斯坦堡的「柏林、布達佩斯–東方快
車」的營運路線。

二表示由比利時的東端（德文、法文：
Ostende英文：east-end）港都經布魯塞爾
BRUXELLES、科隆Köln、法蘭克福Francfurt、
維也納WIEN、布達佩斯、到貝爾格勒再前往伊
斯坦堡的「東端、維也納–東方快車」的營運路
線。

●青色實線表示土耳其「金牛快車」（TAURUS
EXPRESS）的營運主線，由伊斯坦堡經敘利
亞的阿累普（Alep）向東至伊拉克的巴格達（
BAGDAD）、向南經耶路撒冷（JERUSALEM）
可通到埃及的開羅（Cairo）。

❶

❷

① 位於非洲南部的尚比亞（ZAMBIA）在2004年為紀念蒸汽機關車發明200周年，發行一款小全張，面值K8000，圖案主題是東方快車的豪華餐車內部乘客用餐情景，服務人員正捧著餐盤提供菜餚。

★位於東非的烏干達（UGANDA）1996年4月15日發行一套懷念東方快車專題郵票和兩款小全張，圖案中採用迪士尼卡通人物。

烏干達的貨幣單位名稱：西令（Shilling 代號：「/」）

② 50西令的主題：「從倫敦到康士坦丁堡經由卡來」（FROM LONDON TO CONSTANTINOPLE VIA CALAIS），古飛（Goofy）和米奇老鼠（Mickey Mouse）從倫敦出發到多佛搭乘渡船，抵達法國的卡來，下船後正要換乘電力機關車牽引的東方快車。

③ 100西令的主題：「FROM PARIS TO ATHENS」（從巴黎到雅典），東方快車到達雅典，米奇老鼠已經下車，古飛正從車門走出來。

④ 150西令的主題：「TICKET FOR THE PULLMAN」（豪華寢室客車的查票），唐老鴨（Donald Duck）擔任車掌到寢室查票，米奇老鼠拿出車票，他的隨行狗——柏拉圖（Pluto）躲在行李箱裡。

最著名及最有人氣的鐵路機關車及列車

❶ 200西令的主題：「THE PULLLMAN CORRIDOR」（豪華寢室客車的通道），唐老鴨（Donald Duck）找錯房間，黛西鴨（Daisy Duck）開門生氣地指著門號。

❷ 250西令的主題：「THE DINING CAR」（餐車），米尼（Minnie Mouse）和米奇老鼠在餐車內舉杯慶賀。

❸ 300西令的主題：「STAFF BEYOND REPROACH」（服務人員名聲卓越），古飛（Goofy）擔任東方快車的服務人員正扶著米尼上車，米奇老鼠拖著行李箱。

❹ 600西令的主題：「FUN IN THE PULLLMAN」（在豪華寢室客車內嬉戲），米奇老鼠和唐老鴨在寢室內玩得樂不可支。

❺ 700西令的主題：「1901 UNSTOPPABLE TRAIN ENTER THE BUFFET IN FRANKFORT STATION」（1901年一列煞不住的列車衝入法蘭克福車站的餐廳），米尼和米奇老鼠正在餐廳裡。

❶ 800西令的主題：「1929 PASSAGE DETAINED FIVE DAYS BY SNOWSTORM」（1929年通路被暴風雪耽擱五天·），東方快車被雪困住，米奇老鼠在剷雪，古飛在玩雪人。〔東方快車被雪所困的實際事件，引發幻想懸疑小說《東方快車謀殺案》的創作構思〕

❷ 900西令的主題：「FILMING "MURDER ON THE ORIENT EXPRESS"」（拍攝「東方快車謀殺案」影片），唐老鴨擔任導演，米奇老鼠飾演探長，米尼和古飛飾演東方快車的乘客。

❸ 2500西令的主題：「THE ORIENT EXPRESS–FROM PARIS TO CONSTANTINOPLE」（東方快車–從巴黎到康士坦丁堡），米尼、古飛和米奇老鼠高興地站在東方快車最後一節的展望台，趁底是歐洲、亞洲、非洲地圖，黑線是東方快車的營運路線。

❹ 2500西令的主題：「THE ORIENT EXPRESS–FROM PARIS TO CONSTANTINOPLE」（東方快車–從巴黎到康士坦丁堡），東方快車到達康士坦丁堡，唐老鴨擔任東方快車的司機。

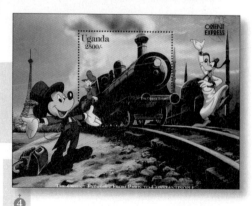

最著名及最有人氣的鐵路機關車及列車

11.「東方快車」模型─歐洲模型鐵道迷的最愛

　　德國著名的「N比例」模型鐵道製造商「阿諾德」和義大利著名的「HO比例」模型鐵道製造商「麗華羅細」在2004年底被英國的「宏比」（HORNBY）公司收購後，兩個廠牌在2001年停產前製造的「東方快車」豪華版成為全球行家級鐵道迷追逐的對象，在網站的拍賣成交價格也漸漸上升。為滿足鐵道迷的殷切需求，「宏比」公司自2006年起，每年推出兩個廠牌的新款「東方快車」套裝組，成為全球模型鐵道最熱門的高價品。

★東方快車「Spur N比例」模型

　「阿諾德」在2001年停產前推出的「東方快車」「超級Spur N比例」五輛客車組，本組由上而下依序是餐車（編號No.2867 D）、寢室車（編號No. 3472 A）、寢室車（編號No. 3544 A）、行李車（編號No.1266 M）、行李車（編號No.1286 M）。

★2006年版「辛普倫－東方快車」「N比例」模型（車頂漆乳黃色）

001"N"scale CIWL 5-coach set "Simplon-Orient-Express"，「阿諾德」牌「N比例」五輛客車組的「辛普倫－東方快車」，本組由上而下依序是行李車、寢室車、餐車、寢室車、行李車。
本組在2006年推出，紀念辛普隆（SIMPLON）隧道通車100周年紀念。

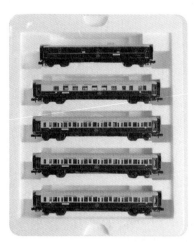

★2007年版「東端－維也納快車」「N比例」模型（車頂漆乳黃色）

「阿諾德」牌「N比例」五輛客車組的「東端－維也納」快車。
國際寢台車公司的五輛客車組在兩次世界大戰中的輝煌鐵道年代營運。此列著名的豪華列車營運於比利時、法國、德國、奧地利。客車有奇特的服務編號和類型。本組由上而下依序是行李車、餐車、寢室車、寢室車、寢室車。屬於第二代鐵道車輛，完整的車內細部裝置，複製精緻的餐桌和檯燈，全長723公厘。

最著名及最有人氣的鐵路機關車及列車

★2006年版「辛普倫－東方快車」「HO比例」模型（車頂漆乳黃色）

RIVAROSSI HR4010 CIWL "Simplon-Orient-Express" three car pack.
麗華羅細牌「HO比例」三輛客車組的「辛普倫－東方快車」，盒裝順序由上至下依序是行李車、寢室車、寢室車。

RIVAROSSI HR4011 CIWL "Simplon-Orient-Express" - Saloon car.
麗華羅細牌「HO比例」的沙龍車（附吧台、桌椅的交誼室）

RIVAROSSI HR4020 CIWL "Simplon-Orient-Express" three car pack.

麗華羅細牌「HO比例」三輛客車組的「辛普倫－東方快車」，本組由上而下依序是行李車、寢室車、餐車。
上述三個品號在2006年推出，紀念辛普隆（SIMPLON）隧道通車100周年紀念。

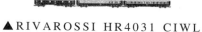

▲RIVAROSSI HR4031 CIWL "Ostende-Wien Express". 3 different car pack . blu/beige

麗華羅細牌「HO比例」三輛客車組的「東端−維也納快車」，漆藍、乳黃色，本組由左至右依序是行李車、餐車、寢室車。

▲RIVAROSSI HR4032 CIWL "Ostende-Wien Express". 3 car pack . blu/beige

麗華羅細牌「HO比例」三輛客車組的「東端−維也納快車」，漆藍、乳黃色，本組三輛都是寢室車。

▲RIVAROSSI HR4033 CIWL "Ostende-Wien Express". Saloon car. blu/beige

麗華羅細牌「HO比例」的沙龍車（附吧台、桌椅的交誼室），漆藍、乳黃色。

▲RIVAROSSI HR4079 "Orient Express". 3 different passenger cars. blu/white 2008 New Item

麗華羅細牌「HO比例」三輛客車組的「東方快車」，漆藍、白色，本組由上至下是行李車、寢室車、餐車。（2008年新推出）

▲RIVAROSSI HR4080 CIWL " Orient Express". 3 different sleeper cars. blu/white 2008 New Item

麗華羅細牌「HO比例」三輛客車組的「東方快車」，漆藍、白色，本組是三輛不同的寢室車。（2008年新推出）

▲RIVAROSSI HR4081 CIWL " Orient Express". Saloon car.blu/white 2008 New Item

麗華羅細牌「HO比例」的沙龍車（附吧台、桌椅的交誼室），漆藍白色。（2008年新推出）

最著名及最有人氣的鐵路機關車及列車

CHAPTER.4
歐洲跨國合作穿梭歐洲快車「TEE」
(TRANS-EUROP-EXPRESS之簡稱)

　　第二次世界大戰結束後，鐵路配合各項經濟復興計畫逐漸恢復生機，但是進入1950年代中期，卻遇到新興的競敵，短、中、長程的民航飛機陸續登場，中、長程的旅客改乘飛機，鐵路的中、長途客運量大幅衰退，此種狀況在美國和西歐各國最為嚴重。另一方面則因為高速公路網的興建，一般民眾在短程旅途開自用車或搭巴士，各鐵路公司只好進行合併並且採取減班對策及關閉不具經營價值的路線。西歐各國鐵路年年鉅額虧損，所幸當時荷蘭國家鐵道總裁荷蘭德博士（Ir. F.Q. den Hollander）在歐洲鐵路會議大發雷霆：「如果再不想辦法，歐洲鐵路就要停擺了」。當然老總裁已有對策，在1957年呼籲歐洲鐵路局通力合作實施新的「TEE」（TRANS-EUROP-EXPRESS穿梭歐洲快車）方案，重點：1.提高列車平均時速至160公里、2.改善車廂各項設備及服務態度、3.簡化通關檢查核對手續。具體措施：1.添購新型快速機關車及空調附臥舖車廂、2.車上服務人員年輕化及多語訓練、3.通關檢查員在過境前先上車開始作業。當新的「TEE」亮相時，立即得到大眾的肯定，歐洲鐵路又將中短程旅客吸引回來。

　　為何選在1957年提出呢？因為當年3月27日西歐的德國、法國、義大利、荷蘭、比利時及盧森堡等六國在羅馬集會共同簽署「羅馬條約」（Treaty of Roma），依據該約成立了「歐洲經濟共同體」（European Economic Community簡稱EEC），前述六國在經濟事務上被視為單一的個體，為促進成員國的經濟發展合作，在共同體內各國間貨物的貿易和運輸不受稅關的限制而暢通無阻，至為重要。荷蘭德博士提出的「穿梭歐洲快車」方案就是本著「歐洲經濟共同體」的基本精神，實現鐵路列車在共同體內能自由穿梭，以及提高列車的行車速度。

　　最初加入「穿梭歐洲快車」鐵路網的成員包括德國聯邦鐵道、法國國家鐵道、義大利國家鐵道、荷蘭國家鐵道和瑞士聯邦鐵道，比利時國家鐵道最初僅提供過境的路線，到了1964年才加入，而盧森堡國家鐵道則在稍後加入。

　　以往歐洲的特快車乘客以貴族、富豪或政界高階人士為主要對象，而「穿梭歐洲快車」則配合新經濟時代的來臨，客源目標鎖定商界人士，符合商人早出晚歸的期望，所以「穿梭歐洲快車」都是晝行的列車，旅客們都能在當天往返。

「穿梭歐洲快車」營運成功除了掌握商機，最主要是正逢西歐經濟的快速成長期，搭乘率漸漸提升，隨著西歐人民所得增加，「穿梭歐洲快車」也成為高級的觀光列車。

最初營運線路網的設計採取柴油動力系統，就是用柴油發電式動力機關車牽引旅客列車，或是柴油發電分散式列車組（列車的每節車廂或是一列車中分成兩、三組聯結車而每組中有一節車廂裝置柴油發電機）。因為當時鐵路網的成員國使用的電流（分成交流電alternating current、直流電 direct current）和電壓都不相同，如果用電力機關車牽引列車，到了國境必須要換機關車，浪費時間，另外是當時有些跨越國界的路段尚未電力化，所以使用柴油動力系統即可解決上述的問題。

為了「穿梭歐洲快車」的柴油動力系統營運，德國研發出新型的VT 08.5 和VT11.5型、法國研發出X2700型、瑞士和荷蘭研發出RAm型、義大利研發出ALn442型柴油動力列車組。瑞士在1961年研發出RAe1050電力列車組能在四種電力路段運行，1960年代以後所有成員國的鐵路幹線完成電力化，陸續研發出能通行交流電或直流電路段的電力機關車。

「穿梭歐洲快車」對列車的內部和外觀也做了統一規定，列車的客車車廂全部採用一等車廂（即最豪華舒適設備），車廂裝置空調設備，乘客可以在列車享用餐飲，所以中長途列車加掛附廚房的高級餐車。為了商務乘客利用旅途開會或洽談生意，車廂內有專用包廂，另外設有秘書室由秘書小姐提供繕打或翻譯文件的服務、女士的美容室和男士的理容室，鼎盛時期還設有販賣高級禮品或紀念品的小賣店，所以當時歐洲的媒體稱呼「穿梭歐洲快車」為世界上最豪華的商務列車。至於車身外觀，上

▲瑞士（HELVETIA）在1962年3月19日發行一枚特別宣傳郵票，面值5分，圖案背景是歐洲的中、西、南部地圖，左上角是TEE標誌，主題是瑞士的穿梭歐洲快車（TRANS-EUROP-EXPRESS簡稱為「TEE」），在1961年啟用的RAE 1050型交直兩用電車組由六節車廂編成，動力車是4種電力方式（直流1.5kV、直流3kV、交流15kV16 2/3Hz、交流25kV50Hz），可以運行於前述4種不同電力路線，其中一節是餐車，最高時速160公里，是當時歐洲最豪華的特別快車，曾擔任「哥塔多」號快車。

▼位於非洲中部的查德共和國（REPUBLIQUE DU TCHAD）在1973年發行一套世界著名列車專題郵票，其中面值200法郎的圖案主題是「穿梭歐洲快車」的柴油動力列車組。

最著名及最有人氣的鐵路機關車及列車

位於非洲西部的馬利共和國（REPUBLIQUE DU MALI）在1980年11月17日發行一套世界著名列車專題郵票，其中面值200法郎的圖案主題是「穿梭歐洲快車」的「連布朗特」（REMBRANDT荷蘭著名畫家，生於1606年、卒於1669年）號，由德國的E103型電力機關車牽引，營運路段：從德國的慕尼黑經司圖加特到荷蘭的阿姆斯特丹中央車站（München - Stuttgart -Amsterdam CS），營運期間：1967年5月28日至1983年5月28日。

半部漆奶油黃色、下半部漆紅色，每一列列車都有一個雅號，例如：

1. 法蘭克福至巴黎東車站的「歌德」（Goethe，紀念德國偉大文學家）號，營運期間：1970年5月31日至1975年5月31日。

2. 法蘭克福至阿姆斯特丹的「貝多芬」（Beethoven，紀念德國偉大音樂家）號，營運期間：1957年6月2日至1979年5月26日。

3. 巴黎北站至布魯塞爾南站的「魯本斯」（Rubens，紀念比利時偉大畫家）號，營運期間：1974年9月29日至1987年5月27日。

4. 瑞士的蘇黎世至義大利的米蘭的「哥塔多」（Gottardo，阿爾卑山的隘口）號，因該列車經過「哥塔多」隘口而取名，營運期間：1961年7月1日至1987年5月30日。

5. 阿姆斯特丹經法蘭克福至慕尼黑的「萊因金」（Rheingold，萊因河的傳說）號，因該列車經過萊因河谷而取名，營運期間：1982年5月23日至1987年5月30日。

註：圖案左上是馬利在1970年12月14日發行的蒸汽機關車專題郵票，面值100法郎，圖案主題是馬利在1930年代使用的141型蒸汽機關車。

進入1970年代各成員國致力提高行車速度，目標是列車的最高時速達到200公里。「穿梭歐洲快車」的鐵路網延伸到西班牙、丹麥、奧地利，奧地利加入成為會員國，西班牙、丹麥僅提供路線供「穿梭歐洲快車」通過。而法國、德國、義大利國內的長途特快列車也使用「穿梭歐洲快車」的標誌「TEE」，使得「穿梭歐洲快車」的班次大幅增加。1970年代西歐各國的經濟快速成長，民眾對於搭乘高級特快列車的需求逐漸增加，西德聯邦鐵道為滿足一般民眾的需求，於是在1979年推出都市間（Inter City）的特快列車鐵路網，對「穿梭歐洲快車」的班次大幅縮減。到了1984年，大部分的列車班次都被廢除，只有法國和義大利保留國內線的「穿梭歐洲快車」和少數的國際線，原先國際線的「穿梭歐洲快車」則被歐洲都市（EuroCity）特快列車取代。

歐洲都市特快列車的規範如下：

1. 列車經過兩個或更多的國家

2. 所有車廂都裝置空調設備

3. 提供一等和二等車廂服務

4. 只在大都市停車

5. 每次停車不超過五分鐘，在特別狀況以十五分鐘為限

6. 車上提供餐飲（最好提供餐車）

7. 車掌至少會說兩種語言，其中一種必須是英語、法語或是德語

8. 除了山區路線和列車渡輪，列車平均時速（包含停車時間）超過90公里

9. 晝間行程（早上6點開始營運，在夜間12點以前到達目的地）

VT11.5型柴油動力列車組

　　德國在1957年為了「穿梭歐洲快車」而製造VT11.5型柴油動力列車組，1968年1月1日，德國聯邦鐵道改訂車輛編號系統，將列車組的動力車頭重新編號為「601型」（Baureihe 601）、中間車重新編號為「901型」（Baureihe 901）。列車由七節車組成，頭尾是動力車頭、中間車包含一節附廚房之餐飲車、一節附酒吧台之餐飲車以及三節客車，七節列車組的總重量230噸，全長130公尺，最初的最高時速是140公里，後來提高到160公里。1970年有四組列車改用燃氣渦輪引擎

最著名及最有人氣的鐵路機關車及列車

（gas turbine engine），動力車頭重新編號為「602型」（Baureihe 602），改為都市間（Inter City）的特快列車，在測試期間兩節「602型」和兩節客車構成的列車組曾創下時速200公里的新記錄，但是渦輪引擎引起一些問題再加上燃料太貴，所以在1979年退出正式營運行列。

★VT11.5型柴油動力列車組最初用於「穿梭歐洲快車」的四條路線

編號	車名	起訖站
TEE 31/32	Rhein-Main 「萊因─美因」	Frankfurt/Main – Amsterdam 法蘭克福─阿姆斯特丹
TEE 74/75	Saphir 「沙菲爾」	Dortmund – Oostende（比利時的港都） 多特蒙─歐斯田得（即英文east-end東端之意）
TEE 77/78	Helvetia 「赫為提亞」	Hamburg Altona – Zürich （瑞士正式國名）漢堡─蘇黎世
TEE 168/185	Paris-Ruhr 「巴黎·魯爾」	Dortmund – Paris Nord 多特蒙─巴黎北站

在1960年代「漢堡－蘇黎世」路線全線完成電力化，「赫爾維地亞」改用電力機關車牽引。1965年起VT11.5型柴油動力列車組改用於新路線

TEE 155/190	Parsifal 「帕西法爾」	Hamburg Altona – Paris Nord 漢堡─巴黎北站
TEE 25/26	Diamant 「蒂亞芒」	Dortmund – Antwerpen 多特蒙─安特威普（比利時的港都）
TEE 19/20	Saphir 「沙菲爾」	Frankfurt/M – Oostende 法蘭克福─歐斯田得

　　1971年德國聯邦鐵道將「601型」做為第一等都市間（Inter City）特快列車，自1980年起將「601型」和「901型」的列車組做為觀光用的特別列車，列車有十節車，有時將兩組列車連結，總共有20節。「高山湖泊快車」（Alpen-See-Express）從漢堡、多特蒙到德國南部的伯許特加登（Berchtesgaden位於阿爾卑斯山區的避暑度假勝地）、林道（Lindau位於波登湖畔）再延伸到奧地利的因斯布魯克（Innsbruck）、薩爾茲堡（Salzburg），因路線的南段經過阿爾卑斯山系的高山湖泊區而得名。本列車至1988年停止營運，所有柴油動力列車組除了「601 002」和「901 403」拆解外，其餘賣給義大利。

柏林圍牆在1989年11月9日開始被人民拆除，東西德人民可以自由來往（引發東德政權在1990年10月30日結束，東西德宣告統一），德國聯邦鐵道緊急向義大利借調十節列車組在1990年7月27日至9月29日期間，於漢堡至柏林間路線營運，列車組稱為「馬克思‧李伯曼」（Max Liebermann，德國猶太裔畫家，1847年於柏林出生、1935年去世）都市間快車。動力車頭「602 003」（602 型003號）如今保存於紐倫堡的鐵道博物館。

❶ 位於西非的布吉納‧法索（BURKINA FASO）在1986年2月10日發行一款德國鐵道創立150周年紀念小全張，內含一枚面值1000F法郎的郵票，郵票圖案上方是德國第一代試驗型都市間快速列車（共有五節），郵票圖案最上緣印兩行法文「150 ANS DES CHEMINS DE FER ALLEMANDS 1835-1985」「INTERCITY EXPERIMENTAL」即「德國鐵道150周年紀念」「試驗型都市間」之意。郵票圖案上方是布吉納‧法索鐵道使用的柴油發電機關車牽引客運列車，郵票圖案的右側印兩行法文「LOCO DIESEL BB DE 1350 CH SERIE 290」「EN SERVICE AU BURKINA FASO」即「290級1350 CH柴油發電機關車（車軸配置採兩組台車組、每組有兩軸動輪）」「在布吉納‧法索營運」之意。小全張左下方是德國的VT11.5型柴油動力列車組在1980年改為「高山湖泊觀光旅遊快車」，中下邊印「ALPENSEE-EXPRESS C DIESEL」即「柴油動力 高山湖泊快車」之意。

❷ 位於東南亞的寮國（LAO）在1991年6月30日為紀念在阿根廷首都BUENOS AIRES（即「好空氣」之意）的西班牙美洲郵展（ESPAMER'91）發行一款小全張，內含一枚面值700K的郵票，郵票圖案主題是1971年德國聯邦鐵道將「601型」做為第一等都市間特快列車（INTER CITY漆在列車頭）正從隧道出來經過拱橋，圖案左邊印著INTER-CITY DIESEL即「都市間柴油動力」之意。

❸ 1970年6月6日「601型007-8號」柴油動力特快列車組（德文：Diesel-Schnelltriebwagen）停在第連堡（Dillenburg）車站，乘客正要進入車門的情景。

最著名及最有人氣的鐵路機關車及列車

❶ 位於西非的幾內亞共和國（法文République du Guineé）的郵政局（Office de la Poste）為紀念2001年在比利時（BELGICA）首都布魯塞爾舉行的國際郵展，發行一款世界鐵路史專題（法文LES CHEMINS HISTORIQUES DU MONDE）小全張，小全張圖案的右下是國際郵展的標誌，內含一枚4000F法郎的郵票，圖案主題是德國「穿梭歐洲快車」的「601型」（VT 601）柴油動力列車組。

❷ 2006年10月5日德國（Deutschland）發行一套社會福利附捐郵票，全套共4款，其中一款面值「55＋25」分（購買時付0.80歐元，其中0.55歐元當做郵資、0.25歐元當做社會福利捐款）的圖案主題是德國聯邦鐵道在1957年使用的VT11.5型柴油動力列車組。

❸ 位於東南亞的柬埔寨（KAMPUCHEA）在1989年發行一套世界著名列車專題郵票，其中面值15R的圖案主題是「穿梭歐洲快車」的VT11.5型柴油動力列車組。

❹ 位於非洲中西部的剛果共和國（REPUBLIQUE DU CONGO）在1999年發行一套世界著名列車專題郵票，其中面值600法郎的圖案主題是「穿梭歐洲快車」的VT11.5型柴油動力列車組。

RÉPUBLIQUE GABONAISE

500F

Réseau Fédéral Allemand
(DBB) Diesel Hydraulique
Trans-Européen Express (TEE) 1957

LIBERIA

$20

TRANS-EUROPE EXPRESS (T.E.E.)

❶ 位於非洲中西部的加彭共和國（RÉPUBLIQUE GABONAISE）2000年12月10日發行一套世界著名列車專題郵票，其中面值500法郎的圖案主題是「穿梭歐洲快車」的VT11.5型柴油動力列車組。

❷ 位於非洲西部的賴比瑞亞（LIBERIA）發行一套世界著名列車專題郵票，其中面值20圓的圖案主題是「穿梭歐洲快車」的VT11.5型柴油動力列車組。

❸ 賴比瑞亞發行的一款鐵路史（THE HISTORY OF RAILROADS）專題小全張，面值100圓，圖案主題是1957年「穿梭歐洲快車」（The Trans Europe Express）的VT11.5型柴油動力列車組在冬季積雪地區運轉。

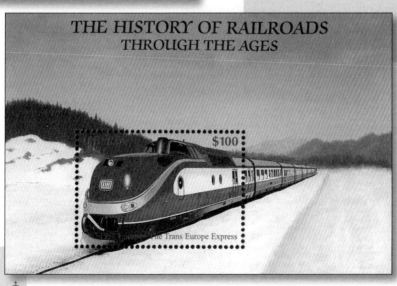

THE HISTORY OF RAILROADS
THROUGH THE AGES

$100

The Trans Europe Express

最著名及最有人氣的鐵路機關車及列車

★ROCO（HO scale）DB digital starter set with VT 11.5 TEE羅可牌HO比例的數位入門基本組

車輛：共7節組成的「穿梭歐洲快車」（TEE）VT 11.5型柴油動力列車組

★RIVAROSSI（HO scale）「麗華羅細」牌HO比例

SBB RAe 1051-54 T.E.E. "Gottardo"瑞士聯邦鐵道（德文簡稱SBB 英文Swiss Federal Railways）的RAe 1051-54型「穿梭歐洲快車」「哥大多」號電力列車組

★RIVAROSSI（HO scale）「麗華羅細」牌HO比例

德意志聯邦鐵道（德文Deutsche Bundesbahn簡稱DB）的「穿梭歐洲快車」「赫為提亞HELVETIA」（瑞士的正式國名）號列車組中三節客車。該列車於1960至1970年代於「德國的漢堡」和「瑞士的蘇黎世」之間營運。由上而下依序為：
一等隔間式客車、一等隔間式客車、一等開放式客車

★One-time series for the anniversary "50 Years of the TEE".

德國的模型鐵道製造商「翠克斯」（TRIX）在2007年推出「HO比例」「穿梭歐洲快車」（為正式營運50周年紀念）的當年度限量版模型組，包含一輛機關車和五輛客車，依序為：

▲22032 DGTL〈數位化〉DB CL 112 TEE ELECTRIC LOCOMOTIVE
德意志聯邦鐵道的112型電力機關車。

▲23421 DB 111 TEE EXPRESS TRAIN PASSENGER CAR
German Federal Railroad (DB) type Avümh 111 compartment car.
一等隔間式客車，車內共有9個隔間，通道在邊側。

▲23422 DB 121 TEE EXPRESS TRAIN PASSENGER CAR
German Federal Railroad (DB) type Apümh 121 open seating car.
一等開放式客車，車內每一橫排有三個座位，通道在中間，一邊並排兩個座位，另一邊只有一個座位。

▲23423 DB ADÜMH 101 VISTA DOME CAR
German Federal Railroad (DB) type ADümh 101 vista dome car.
一等展望客車，車身中央隆起部位是展望區的玻璃罩，每一側由八片玻璃接合，乘客可以坐在較高的位置欣賞沿途的景色。

▲23424 DB WRÜMH 131 DINING CAR
German Federal Railroad (DB) type WRümh 131 dining car."Buckel-Speisewagen"/"humpbacked dining car"/ 駝背型餐車。
一等餐車，車內分成兩區，一區是餐廳區，每一張餐桌上安置一盞檯燈，另一區是廚房區，亦即車頂隆起的車身部位。

▲23425 DB 111 TEE EXPRESS TRAIN PASSENGER CAR
German Federal Railroad (DB) type Avümh 111 compartment car.
一等隔間式客車，車內共有9個隔間，通道在邊側。

CHAPTER.5
德國萊因金特快列車
（TRANS-EUROP-EXPRESS）

 1.萊因金的由來

　　萊因金特快列車的車名是源自古代萊因河的傳奇故事，德國著名的作曲家理察·華格納（Richard Wagner，生於1813年5月22日，1883年2月13日去世）曾以此傳奇故事編著了一齣歌劇《萊因金》（Das Rheingold），而本列車的營運路線就是沿著萊因河，起站是位於荷蘭西南的「荷蘭之角」（Hoek van Holland，屬於鹿特丹市管轄，瀕北海，通往英國哈威至〔Harwich〕的渡輪碼頭旁就是鐵路車站），經由荷蘭的熱文阿（Zevenaar）、德國的杜意茲堡（Duisburg）、丟塞爾多夫（Düsseldorf）、科隆（Köln）、美因茲（Mainz）、曼海姆（Mannheim）、卡爾斯路厄（Karlsruhe）、巴登-巴登（Baden-Baden）、夫來堡（Freiburg）通到終點巴塞爾（Basel，瑞士的萊因河港），全程662公里。

　　第一班萊因金特快列車在1928年5月15日開始正式營運，因為全程經過荷蘭、德國、瑞士等三國，所以牽引的機關車分成三種，荷蘭使用3700、3800、3900型蒸汽機關車，從位於荷蘭邊界的愛枚里許（Emmerich）到曼海姆，德國使用18.4-6型蒸汽機關車（Baureihe 18.4-6車身長21.396公尺，車軸採2軸導輪、3軸動輪、1軸從輪配置方式，最快時速120公里），從曼海姆到巴塞爾，使用18.3型蒸汽機關車（Baureihe 18.3車身長23.23公尺，車軸採2軸導輪、3軸動輪、1軸從輪配置方式，最快時速140公里），瑞士則使用Ae 4/7型電力機關車。1930年，從曼海姆到巴塞爾改用BR 01型蒸汽機關車（Baureihe 01 車身長23.94公尺，車軸採2軸導輪、3軸動輪、1軸從輪配置方式，最快時速120至130公里），1935年起荷蘭使用3900型蒸汽機關車，全程需11小時。

　　列車的車廂則使用當時最豪華的專人服務客車（The luxurious Pullman type salon coaches），每節長23.5公尺，每列車的頭尾都加掛一節行旅車，客車分成四種：

最著名及最有人氣的鐵路機關車及列車

【1】一等客車28個座位（造了4輛）

4 cars, 1st class, type SA4　, with seating for 28

【2】一等客車20個座位附食品調理室（即餐車，造了4輛）

4 cars, 1st class, type SA4K, with a galley and seating for 20

【3】二等客車43個座位（造了8輛）

8 cars, 2nd class, type SB4　, with seating for 43

【4】二等客車29個座位附食品調理室（即餐車，造了10輛）

10 cars, 2nd class, type SB4K, with a galley and seating for 29

總共造了26輛萊因金豪華特別客車。

　　車身的外表上半部漆乳黃色、下半部漆藍色，車廂內由MITROPA公司所屬的專業人員服務，MITROPA係將德文的 "Mitteleuropa"（中部歐洲之意）加以縮減而成的新字，該公司創立於1916年11月24日（第一次世界大戰中期），德文全名為Mitteleuropäische Schlafwagen- und Speisewagen Aktiengesellschaft即「中歐寢車及餐車公司」之意，營業範圍包括位於歐洲中部的德國、奧地利及匈牙利，戰後僅保有德國和通往荷蘭和北歐的營業路線。在第一次世界大戰結束後至第二次世界大戰爆發前，是該公司的全盛時期，在1940年所經營的鐵路寢車及餐車約達750輛。

　　萊因金特快列車在1938年秋天因第二次世界大戰爆發而停止營運，戰後到了1951年才恢復營運，列車編號改為FD 163/164，後來改為F163/164、F9/10 和 F 21/22，由德國的BR 01, BR 01.10, BR 03 和 BR 03.10型蒸汽機關車牽引，平均行車時速67.2公里。當時的客車分為「1等和2等的2AB4üe」、「1等和2等和3等的ABC4üe」、「3等的C4üe」三種，包括1等的32個座位、2等的96個座位、3等的320個座位。

　　到了1962年萊因金特快列車納入「TEE」（TRANS-EUROP-EXPRESS穿梭歐洲快車）鐵路網營運，路線和戰前相同，列車改用E10.12型（車身長16.49公尺，車軸採B-B配置，前後各有一台車，每一台車有兩軸動輪，最快時速由最初的150至160公里降為120公里）電力機關車引。1972年，客車的外表上半部漆乳黃色、下半部改漆紅色，列車改用E103型（103.0型車身長19.5公尺、1031型車身長20.2公尺，車軸採C-C配置，前後各有一台車，每一台車有三軸動輪，最快時速200公里）電力機關車引。戰後的萊因金特快列車有一項最大特徵，就是在列車中間加掛展望車（車頂中間部分裝弧形玻璃蓋，乘客可以眺望沿途風景）。

編號「TEE 6 / 7」，列車名「Rheingold-Express」的「萊因金快車」，由荷蘭的「阿姆斯特丹中央車站」出發，經德國萊茵河谷路線，抵達瑞士的巴塞爾，再延伸到日內瓦的科爾那文總站」（Amsterdam CS - Genève-Cornavin），營運期間1965年5月30日至1987年5月30日。

編號「TEE 16 / 17」，列車名「Rheingold」的「萊因金」，由荷蘭的阿姆斯特丹中央車站出發，經德國的法蘭克福、北林根，抵達慕尼黑（Amsterdam - Frankfurt - Nördlingen - München），營運期間1982年5月23日至1987年5月30日。

萊因金特快列車在1987年5月30日隨著「TEE」（TRANS-EUROP-EXPRESS穿梭歐洲快車）鐵路網結束所有特快列車的營運而正式停止運轉，成為最後停止營運的一款「TEE」穿梭歐洲快車。由於車廂內的豪華設備和一流的服務水準，據歐洲鐵路雜誌對乘客的意見調查，被稱為最值得懷念的特快列車。

最著名及最有人氣的鐵路機關車及列車

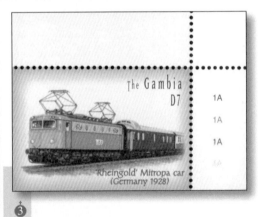

❶ 由「169 003-1」及「169 005-6」型電力機關車牽引的萊因金特快列車，第一節車廂是行旅車〈車身全部漆紫藍色〉，停靠站是位於德國南部、接近奧地利邊界的「上暗默高」〈Oberammergau〉，拍攝時間1985年。

❷ 位於非洲東方海上的科摩羅邦（ETAT COMORIEN）發行一套飛船與世界著名列車專題郵票，其中面值500法郎的圖案上方是1933年德國最大的飛船「興登堡」（HINDENBURG）號、下方是1933年德國的「萊因金特快列車」（由蒸汽機關車牽引）。

❸ 位於西非的剛比亞（The GAMBIA）2002年發行一套世界著名的機關車及列車專題郵票，其中面值D 7的圖案主題是第二次世界大戰後由荷蘭電力機關車牽引的「萊因金特快列車」，列車的車廂是「中歐寢車及餐車公司」（MITROPA）所屬的車輛。

位於西非的甘比亞（The Gambia）2001年7月31日發行一套世界著名機關車與列車專題郵票，其中面值D2的圖案主題是德意志聯邦鐵道的E103型電力機關車牽引的「萊因金特快列車」正經過萊因河畔，圖案上緣印一段英文「" Rheingold Express" Netherland Ports to Berne」即「" 萊因金特快列車」荷蘭港到伯恩（瑞士的首都）」之意。

② 位於西非的獅子山（SIERRA LEONE）在1987年8月28日發行一款小全張，內含一枚郵票面值LE100，圖案主題是德意志聯邦鐵道的E103型電力機關車牽引的「萊因金特快列車」正經過萊因河畔，郵票圖案右下緣印一段英文「THE RHINEGOLD EXPRESS」，小全張圖案右邊是位於萊因河中小島上的在考布附近的王室城堡（Pfalz bei Kaub），考布在河的右岸，據文獻記載島上城堡是拜倫邦國王在1326年興建，向經過的船隻收取通行稅。

2.第一代「萊因金特快列車」模型

「阿諾德」ARNOLD牌「N比例」的第一代「萊因金特快列車」豪華珍藏版模型組，包含五輛客車，本組客車都裝置室內燈，當列車前進時會發出燈光。

本組模型客車，有兩大特徵。第一，是車身兩側外表的金黃色德文字體如上緣的「DEUTSCHE REICHBAHN」（德意志國家鐵道）、寢車及餐車公司）、左下及右下的「RHEINGOLD」（萊因金）、「1」（一等客車）、「2」（二等客車）是連同車身用的凹凸鑄模板一體成形，屬於浮雕字體，看起來有立體感，而非一般的平面印刷字體。第二是每輛客車內餐桌上的檯燈罩和檯燈柱的顏色不同。

最著名及最有人氣的鐵路機關車及列車

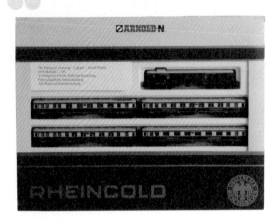

（左）紙盒正面和背面的設計採用「萊因金特快列車」客車的車窗形狀。

（右）紙盒背面的左邊用德文簡介「萊因金特快列車」、右邊印「萊因金特快列車」營運路線圖。

DT09C車號「90 203」
行李車（紙盒上右）。

DT09D車號「20 501」
一等特別豪華客車，有
粉紅色檯燈罩和檯燈柱
（紙盒中左）。

車號「24 508」二等
特別豪華客車（紙盒中
右），有鉻黃色的檯燈
罩和檯燈柱。

DT09E車號「24 505」
二等特別豪華客車（紙
盒下左），有黃色檯燈
罩和檯燈柱。

車號「20 504」一等
特別豪華客車（紙盒下
右），有紅色的檯燈罩
和檯燈柱。

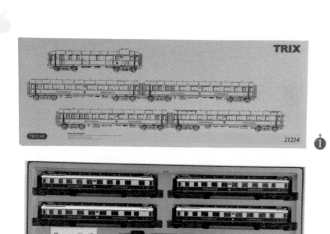

TRIX

21214

① 紙盒表面。

為紀念「萊因金特快列車」營運70周年，德國的模型鐵道製造商「翠克斯」（TRIX）在1998年推出「HO比例」的第一代「萊因金特快列車」模型組，包含五輛客車（銅製金屬車身），（21214為商品代號）。

② 紙盒內容。

③ 二等特別豪華「沙龍客車」，附食品調理室（紙盒上排之左）

Type SB4ük-28 2nd class salon car with galley

④ 二等特別豪華「沙龍客車」，不附食品調理室（紙盒上排之右）

Type SB4ü-28 2nd class salon car without galley

⑤ 一等特別豪華「沙龍客車」，附食品調理室（紙盒中排之左）

Type SA4ük-28 1st class salon car with galley

⑥ 一等特別豪華「沙龍客車」，不附食品調理室（紙盒中排之右）

Type SA4ü-28 1st class salon car without galley

⑦ 行李車（紙盒下排）

Type SPw4ü-28 baggage car

最著名及最有人氣的鐵路機關車及列車

紀念「萊因金特快列車」營運70周年，「翠克斯」（TRIX）在1998年推出「HO比例」牽引第一代「萊因金特快列車」的18.4型18 427號蒸汽機關車（原先屬於拜倫邦鐵道的S 3／6型，1908年開始製造）（銅製金屬車身）。（22513為商品代號）

◆德國拜倫邦的S3／6型蒸汽機關車

1920年成立德意志國家鐵道後，將拜倫邦的S3／6型蒸汽機關車改為18.4型（Baureihe 18.4）蒸汽機關車，做為牽引客運快車之用，它的外觀最大特色是車頭最前端呈圓錐形、車身漆綠色。

主要諸元資料：

| 製造年份：1908-1931 |
| 退出營運年份：1969 |
| 製造數量：159輛（編號DRG 18 401–434, 441–458, 461–548） |
| 車軸配置：2 C 1（兩軸導輪、三軸動輪、一軸從輪） |
| 導輪直徑：0.950公尺、動輪直徑：1.870公尺（S3／6 d e系列2公尺） |
| 從輪直徑：1.206公尺 |
| 正常運轉最高時速：120公里 |
| 車身長：21.396公尺（S3／6 d e系列22.095公尺） |
| 車身重：88.3噸（S3／6 d e系列89.5噸） |

★德國的模型鐵道製造商「迷你翠克斯」（MINITRIX）推出「N比例」的第一代「萊因金特快列車」模型組，品號Item Number「11468」，包含一輛蒸汽機關車和五輛客車，按紙盒蓋上面所印的列車排序為：

上列由左至右

〈1〉車號「90 202」行李車。

〈2〉車號「24 505」二等特別豪華〈沙龍〉客車，附食品調理室。

〈3〉車號「20 501」一等特別豪華〈沙龍〉客車，附食品調理室。

下列由左至右

〈4〉車號「24 508」二等特別豪華〈沙龍〉客車，不附食品調理室。

〈5〉車號「20 504」一等特別豪華〈沙龍〉客車，不附食品調理室。

〈6〉牽引第一代「萊因金特快列車」的18.4型18 434號蒸汽機關車。

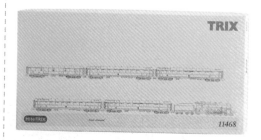

而盒內的排序卻又不同

左上：品號「11468-1」	右上：品號「11468-2」
■18.4型18 434號蒸汽機關車	■車號「20 501」一等特別豪華客車
左中：品號「11468-3」	右中：品號「11468-4」
■車號「20 504」一等特別豪華客車	■車號「24 505」二等特別豪華客車
左下：品號「11468-5」	右下：品號「11468-6」
■車號「24 508」二等特別豪華客車	■車號「90 202」行李車

最著名及最有人氣的鐵路機關車及列車

★ARNOLD「N scale」Express Train Steam
Locomotive Class 18 –DRG

「阿諾德」牌的「N比例」德意志國家鐵道牽引「東方快車」和「萊因金」國際著名特快列車的18型535號（NO.18 535）蒸汽機關車（2007年推出）。

★RIVAROSSI「HO scale」Express Train Steam
Locomotive Class 18 –DRG

「麗華羅細」牌「HO比例」德意志國家鐵道牽引「東方快車」和「萊因金」。國際著名特快列車的18型534號（NO.18 534）蒸汽機關車（2007年推出）。

左為HO比例，右為N比例。

3.第二代「萊因金特快列車」模型

★德國的模型鐵道製造商「翠克斯」（TRIX）在2005年推出「HO比例」的第二代（1952年）「萊因金特快列車」模型組，包含五輛客車，依序為：

【1】1st and 2nd class.（type AB4üwe-39/52）一、二等客車

【2】1st, 2nd and 3rd class.（type ABC4üwe-39/52）一、二、三等客車

【3】3rd class.（type C4üwe-38/52）三等客車

【4】Dining car.（type WR4ü-39）餐車

【5】Baggage car.（type Pw4ü-37）行李車

「萊因金特快列車」模型的增結車：
一等隔間式客車（通道在邊側）

「萊因金特快列車」模型的增結車：
一等開放式客車（通道在中間）

4.第三代「萊因金特快列車」模型

★義大利的模型鐵道製造商「利馬」（LIMA）在2004年底被英國的「宏比」（HORNBY）公司收購後，於2006年推出「HO比例」的第三代「萊因金特快列車」模型基本組。依照歷史記錄，自1928年第一代「萊因金特快列車」正式營運起就將客車漆成乳黃色和藍紫色，1962年德意志聯邦鐵道推出的新一代「萊因金特快列車」採用「乳黃色和鈷藍色」。然而此款塗裝只用了短暫的期間，因為依照1965年簽訂的「穿越歐洲快車」的國際協定，此款新一代「萊因金特快列車」被改漆成「乳黃色和紅色」。

盒內車輛由上而下依序是

1. 一等餐車
2. 一等隔間式客車（通道在邊側）
3. 一等開放式客車（通道在中間）
4. 一等展望客車

★德國的模型鐵道製造商「翠克斯」（TRIX）在2007年推出「HO比例」的第三代「萊因金特快列車」模型組，包含一輛機關車和四輛客車，依序為

【1】 Electric Express Train Locomotive
E 10.12型牽引快車用的電力機關車。

【2】 First Class Type Av4üm-62 compartment car
一等隔間式客車，車內共有9個隔間，通道在邊側。

【3】 First Class Type Ap4üm-62 open seating car
一等開放式客車，車內每一橫排有三個座位，通道在中間，一邊並排兩個座位，另一邊只有一個座位。

【4】 First Class Type Ad4üm-62 vista dome car
一等展望客車，車身中央隆起部位是展望區的玻璃罩，每一面由八片玻璃接合，乘客可以坐在較高的位置欣賞沿途的景色。

【5】 First Class Type WR4üm-62 dining car
一等餐車，車內分成兩區，一區是餐廳區，每一張餐桌上安置一展檯燈，另一區是廚房區，亦即車頂隆起的車身部位。

★德國的模型鐵道製造商「迷你翠克斯」（MINITRIX）在2006年推出「N比例」的第三代「萊因金特快列車」模型組，包含一輛機關車和五輛客車，依序為

【1】E 10型電力機關車Electric Express Train Locomotive

【2】一等展望客車Type Ad4üm-62 vista dome car

【3】一等隔間式客車　Type Av4üm-62 compartment car

【4】一等餐車　　Type WR4üm-62 dining car

【5】一等開放式客車　Type Ap4üm-62 open seating car

【6】一等隔間式客車　Type Av4üm-62 compartment car

5.第四代「萊因金特快列車」模型

★「阿諾德ARNOLD」牌「N比例」的第四代「萊因金特快列車」四輛客車組，1968年採用「穿越歐洲快車」客車車身的標準塗裝——「紅色和乳黃色」。

Four coach set "Rheingold" of the German Deutsche Bundesbahn DB railways in Trans Europe Express red and cream livery.

由上而下依序是：

【1】一等餐車，車內分成兩區，一區是餐廳區，每一張餐桌上安置一展檯燈，另一區是廚房區，亦即車頂隆起的車身部位。

【2】一等開放式客車，車內每一橫排有三個座位，通道在中間，一邊並排兩個座位，另一邊只有一個座位。

【3】一等隔間式客車，車內共有9個隔間，通道在邊側。

【4】一等展望客車，車身中央隆起部位是展望區的玻璃罩，每一側由八片玻璃接合，乘客可以坐在較高的位置欣賞沿途的景色。

RIVAROSSI「HO scale」Electric Locomotive series E 03 - DB

★「麗華羅細」牌的「HO比例」德意志聯邦鐵道牽引「萊因金特快列車」的E 03型電力機關車（2008年推出）

CHAPTER.6

日本窄軌鐵路最快速的蒸汽機關車—「C62型蒸汽機關車」

　　窄軌鐵路是指軌距比標準軌1.435公尺窄的鐵路，台灣和日本的在來線軌距採用1.067公尺的窄軌，台灣糖業公司和阿里山森林鐵路採用.0762公尺的窄軌。

　　日本國有鐵道出力最大、速度最快的C62型（C表示3軸動輪）蒸汽機關車是在第二次世界大戰結束後，1948年至1949年將原先牽引貨物列車的D52型（D表示4軸動輪）蒸汽機關車選出49輛改造而成，其中21輛在日立製作所、15輛在川崎車輛（現今稱為川崎重工業）、13輛在汽車製造（該公司在1972年被川崎重工業吸收合併，日文的「汽車」是「蒸汽機關車」的簡稱，並非中文的「汽車」）進行改造工事，最初的目的是做為牽引東海道本線、山陽本線等主要幹線的特別快速旅客列車，日文將「C62型」稱為「最大の特急旅客用蒸氣機關車」。

C62型蒸汽機關車的主要諸元

全長：21.475公尺　全高：3.98公尺　動輪直徑：1.75公尺

車軸配置方式：2C2即兩軸導輪、三軸動輪、兩軸從輪

汽缸直徑：52公分　汽缸行程：66公分

機關車重量：88.83噸　炭水車重量：56.34噸

　　C62型的第17號蒸汽機關車在1954年（昭和29年）12月15日通過東海道本線木曾川橋梁時達到時速129公里，創下蒸汽機關車在窄軌鐵路上運轉的最快速世界紀錄。

　　日本進入1950年代以後，經濟迅速復興，鐵路的客運和貨運量快速成長，日本國有鐵道當局為了提升鐵道運輸效率，於是積極進行鐵道電氣化，計畫將原有蒸汽機關車的最高時速95公里提高到電力機關車的最高時速120公里。速度提高後所引出的「鐵軌承受列車高速和較重的強韌度」、「原有橋樑的負荷度」、「機關車煞車距離的增加」等問題必須克服，因此鐵道技術部門安排C62型蒸汽機關車做時速120公里的快速極限運轉試驗，當初慎重派的技師基於安全考量還

最著名及最有人氣的鐵路機關車及列車

提出強硬的反對，後來經過協商，選在12月9日至15日，值初冬氣溫低但還未降雪的日子。主要考量原因有二，第一是氣溫低，鐵軌比較能承受機關車高速運轉所引起的摩擦高溫，第二是如果降雪，鐵軌濕滑機關車高速運轉容易脫軌。地點則選在東海道本線的木曾川橋梁（岐阜驛附近），該橋梁屬於鋼架結構比較可以耐震，橋梁長度571.2公尺加上兩端的路線較直，可供機關車高速運轉後的衝行，降低翻車的可能性。

　　12月9日第一次試驗，由名古屋機關區的「藤田一郎」機關士和「佐藤尚」機關助士操控C62型的第17號蒸汽機關車，自木曾川驛（火車站）出發向岐阜驛運行經過木曾川橋梁，接著連續試車到12月12日，達到預定的目標──「時速90公里」。13日試車超過最高限制時速的95公里，進一步挑戰時速100公里關卡。由於在當時這是一件非常振奮人心的大新聞，所以各大報社、無線電台都派了新聞記者和報導員前來參加打破快速紀錄試車的親自體驗，由於C62型蒸汽機關車的運轉室狹小，無法容納太多人，所以一部分記者只好爬到後面連結的炭水車上面，日本全國各地很多民眾都打開收音機聽破紀錄的好消息。

　　12月15日試車的最後一天終於來臨，將目標提升到未來電力機關車的一般運轉時速120公里。為了安全起見，只好請媒體工作人員下車，在沿線地面做攝影和實況報導，運轉室只有手握操縱桿的機關士、負責添炭的機關助士和運轉指示司令員「平松博好」等三人。第一回試車只達到時速118公里，比目標低了2公里。第二回試車突破目標，刷新紀錄達到時速123公里。第三回是最後一回，現場所有人員都期盼再創佳績，C62型的第17號蒸汽機關車回到木曾川做準備和檢查，為了使得運轉更加順利，於是機務整修人員將蒸汽機關車所有連桿裝置和必要部分再塗抹潤滑油。出發前，添炭的機關助士用大鏟子把幾十鏟的卵型石煉炭投入了火爐內，增加熱能產生更多高壓蒸汽驅使動輪更加快速運轉。帶著白手套的木曾川驛長（即站長）舉手發出：「出發進行」的信號，機關士立即鳴笛，鬆煞車桿，動輪開始運轉前進。C62型的動輪直徑1.75公尺，每一旋轉約行進5公尺，當時速100公里時，秒速約28公尺，所以動輪在一秒之間必須旋轉五回，轉速可以用飛快來形容。當C62型的第17號蒸汽機關車接近木曾川鐵橋時，速度計的指針超過120公里，運轉室內人員大聲呼叫：「頑張れ！頑張れ！」（即「加油！加油！」之意），不久時速破了123公里，突然發出轟隆巨響，原來是第17號蒸汽機關車衝入木曾川鐵橋的路段所引起的回音，由於橋上的路段直又平坦，車速更加快，指針超過時速124、125、126公里……橋下的河灘聚集了一大群人，包括地面測速員、新聞記者、電台報導員等，有的人揮手致意，有的人鼓掌叫好，場面熱烈十分感人。指針繼續出現時速127、128公里，當第17號蒸汽機關車衝過鐵橋的中央時，指針進到時速129公里，持續衝過鐵橋後，因為是下坡路

段，為防止滑走空轉，機關士開始放砂，增加摩擦力，減緩車速，結果衝了1.5公里才停車，司令員平松博好向機關士和機關助士握手道賀「平安無事破世界紀錄」。後來，地面測速員發表以精密儀器測出時速129公里的記錄數據，和機關車內指針的紀錄數據完全相同。

C62型第17號蒸汽機關車後來就在名古屋以西的東海道本線和山陽本線上運轉，在昭和40年（1965年）2月因山陽本線電化完成，轉到山陽支線的吳線運轉，直到昭和45年（1970年）10月因吳線電化完成才光榮退出正式運轉。C62型第17號蒸汽機關車是將D52型第29號蒸汽機關車進行改造，在昭和23年（1948年）12月30日完成，直到退休，共經歷21年9個月，運轉行程約275萬公里，此里程數是所有C62型蒸汽機關車的行車最高紀錄。C62型第17號蒸汽機關車現今被名古屋市的東山動植物自然總合公園保存做公開展示。

為了記念日本鐵道100年，在1972年10月10日設立「梅小路蒸気機関車館」（位於京都），C62型2號蒸汽機關車就在當時交由該館保存做動態展示，現今由西日本旅客鉄道（JR西日本）保有車籍。

C62型1號蒸汽機關車在1967年7月14日廢除車籍後，就交由廣島機關區、接著由小郡機關區做長期保管，1976年3月移轉給「廣島鐵道學園」（國鐵職員的研修施設）做靜態保存，同年3月31日付被指定為「準鉄道記念物」。國鐵進行改革時關閉了該學園後，曾短暫放置在原地，1994年移到梅小路蒸気機関車館。

◆2008年3月在「梅小路蒸気機関車館」拍攝的C62型1號蒸汽機關車。

最著名及最有人氣的鐵路機關車及列車

◆日本郵政當局在1972年10月14日發行一款日本「鐵道100年紀念」郵票，面值20日圓，圖案主題是日本國有鐵道用來牽引「燕」號旅客特急列車的C62型蒸汽機關車，機關車前頭的除煙鈑上方有一個象徵「燕子飛行」的圖案標誌。

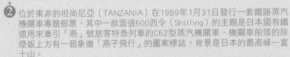

❶ 日本郵政當局在1972年10月14日發行一款日本「鐵道100年紀念」郵票的首日封，蓋「新橋」郵局的發行首日郵戳（昭和47年10月14日）。

❷ 位於東非的坦尚尼亞（TANZANIA）在1989年1月31日發行一套鐵路蒸汽機關車專題郵票，其中一款面值600西令（Shilling）的主題是日本國有鐵道用來牽引「燕」號旅客特急列車的C62型蒸汽機關車，機關車前頭的除煙鈑上方有一個象徵「燕子飛行」的圖案標誌，背景是日本的最高峰──富士山。

❸ 位於加勒比海的聖文森（GRENADINES OF ST.VINCENT）在1984年10月9日發行一套機關車專題郵票，其中面值1分的圖案主題是日本在1948年製造的「C62」型蒸汽機關車，分成上下各一枚相連，上一枚是「C62」型蒸汽機關車的左側及正面圖，下一枚是「C62」型蒸汽機關車牽引旅客列車前進。

❶ 位於加勒比海的內維斯（NEVIS）在1991年為紀念當
年在東京舉行的國際郵展「PHILA NIPPON '91」（
『1991年日本郵趣』之意），發行一套日本著名機關
車、電力列車專題郵票，共四款，其中面值10分的圖
案主題是C62型蒸汽機關車牽引旅客列車。

❷ 位於西非的獅子山（SIERRA LEONE）在1991年為紀
念當年在東京舉行的國際郵展「PHILA NIPPON '91」
（『1991年日本郵趣』之意），發行一套日本著名機
關車專題郵票，共八款，其中面值Le150的圖案主題
是C62型蒸汽機關車（C62 Steam Locomotive）

❸ 位於東非的坦尚尼亞（TANZANIA）在1991年為紀念
當年在東京舉行的國際郵展「PHILA NIPPON '91」（
『1991年日本郵趣』之意），發行一套日本著名蒸汽
機關車專題郵票，共四款，其中面值35西令的圖案主
題是C62型蒸汽機關車。

❶

❷

❸

最著名及最有人氣的鐵路機關車及列車

CHAPTER.7
日本日本國有鐵道
最快速的長途特急列車──「燕」號

◆日本郵政當局在1956年11月19日發行一款日本「東海道電化完成」紀念郵票，面值10日圓，圖案左側是日本國有鐵道用來牽引「燕」號旅客特急列車的EF58型電力機關車，機關車前頭掛著一個象徵「燕子飛行」的圓形圖案標誌鈑，圖案右側是日本著名的浮世繪師安藤廣重（生於1797年、1858年去世）的名作「東海道五十三次的第十一由井（薩多嶺）」（現今珍藏於由比町的東海道廣重美術館）。

「燕」號旅客特急列車曾經是日本國有鐵道最快速的長途特急列車，取名「燕」表示特急列車快速如燕飛行，營運時期分成兩期。第一期自1930年（昭和5年）10月開始營運直到第二次世界大戰中戰況激烈時、在1943年（昭和18年）10月停止營運，第二期自第二次世界大戰結束後進入經濟復興時、在1950年（昭和25年）1月恢復營運直到山陽新幹線開通在1975年（昭和50年）3月終止營運。在第一期列車名大都用漢字「燕」、第二段則改用日文的平假名「つばめ」（羅馬字Tsubame）。

 ### 1.第一期營運時

列車從東京車站到大阪車站的行車時間比當時的富士號縮短了兩個半小時，只需8小時20分，從東京車站到神戶車站只需9小時。

1934年12月、丹那隧道開通啟用後，東海道本線改為經由「熱海」（著名濱海休閒勝地），行程縮短、坡度減緩，從東京車站到大阪車站的行車時間則縮短為8小時，以當時窄軌鐵路而言，「燕」號旅客特急列車稱得上世界最快速列車之一。

2.第二期的第一階段：1950～1960年「東海道本線特急列車」

1950年1月剛恢復營運，從東京車站到大阪車站的行車時間是9小時，到了同年10月將時刻表上的行車時間提升為8小時，牽引列車的機關車改為C62型和C59型蒸汽機關車。1956年（昭和31年）11月，東海道本線全線電化，牽引列車的機關車改為EF58型電力機關車，東京車站到大阪車站的行車時間縮短為7小時30分。

N-GAUGE鐵道模型：【C62型蒸汽機關車】和【「燕」號旅客特急列車組】

　　日本的「KATO」（漢字：「加藤」）品牌在2007年12月27日、2008年1月24日分別推出N規格鐵道模型的【スハ44系特急「つばめ」】（就是「燕」號旅客特急列車組）、【C62型蒸汽機關車】。

★N KATO 2019-2 C62東海道形（Tokaido Type）

C62型車身採用1954年在東海道本線牽引「燕」號、「鴿」（はと，HATO）號旅客特急列車時的塗裝，透明塑膠盒內附C62型的「C62 16」號、「C62 17」號、「C62 35」號、「C62 36」號四種車輛編號板以及掛在車頭的「つばめ」和「はと」兩種列車名稱鈑，供買者自行選用。

【スハ44系特急】模型列車組分成「七輛基本組」和「六輛增結組」兩種。

★N KATO 10-534 スハ44系
SUHA44 SERIES "TSUBAME"

スハ44系 特急「つばめ」基本7
両セット（basic set）

「七輛基本組」內含1號車、2號車、3號車（前三節是三等客車）、7號車（附調理室的餐車）、9號車、10號車（相連兩節是特別二等客車，車身外表兩側的中央位置漆一條青色帶）、11號車（一等展望車，車身外表兩側的中央位置漆一條乳黃色帶），內附掛在列車最後一節展望車尾端的「つばめ」〈燕〉和「はと」〈鴿〉兩種列車名稱鈑，供買者自行選用。

1號車 スハニ〈SUHANI〉35形3號 三等客車、附荷物室（行李室），座位數48位（每排4位、12排）。

2號車 スハ〈SUHA〉44形1號 三等客車，座位數80位（每排4位、20排）。
3號車 スハ〈SUHA〉44形2號 三等客車，座位數80位（每排4位、20排）。

7號車 マシ〈MASHI〉35形3號 食堂車（餐車），座位數30位。一邊有5張兩人座的餐桌（10位），另一邊有5張四人座的餐桌（20位）。
9號車 スロ〈SURO〉60形7號 特別二等客車，座位數44位（每排4位、11排）。

一等展望車特寫

10號車 スロ〈SURO〉60形5號 特別二等客車，座位數44位（每排4位、11排）。
11號車 マイテ〈MAITE〉39形1號 一等展望車

★N KATO 10-535 スハ44系
SUHA44 SERIES "TSUBAME"

スハ44系 特急「つばめ」 結6
両セット（additional set）

「六輛增結組」內含4號車、增結
車、增結車（相連三節是三等客車
）、5號車、6號車、8號車（前述
三節是特別二等客車）。

平常採用11輛列車編組，特殊情況
加掛兩節三等客車成為13輛列車編
組。

註：「燕」號、「鴿」號旅客
特急列車是同時期的姊妹車。

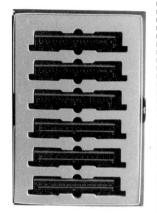

4號車 スハ〈SUHA〉44形3號 三等客車，座位數80位（每排4位、20排）。
增結車 スハ〈SUHA〉44形12號 三等客車，座位數80位（每排4位、20排）。

增結車 スハ〈SUHA〉44形14號 三等客車，座位數80位（每排4位、20排）。
5號車 スロ〈SURO〉60形1號 特別二等客車，座位數44位（每排4位、11排）。

6號車 スロ〈SURO〉60形10號 特別二等客車，座位數44位（每排4位、11排）。
8號車 スロ〈SURO〉60形113號 特別二等客車，座位數44位（每排4位、11排）。

最著名及最有人氣的鐵路機關車及列車

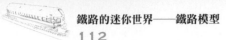

N-GAUGE鐵道模型：【EF58型電力機關車】 和【「燕」號旅客特急列車組】

★N KATO 3039「EF58 "AODAISHO" Electric Locomotive」

日本的關水金屬株式會社（股份有限公司）在2002年推出加藤「KATO」牌「N比例」模型鐵道的牽引「燕」號特急列車專用機關車─EF58型青大將（日本本土體型最大的青蛇）色塗裝電力機關車（品牌編號3039）。

★N KATO 10- 428「EXP. TSUBAME "AODAISHO" 」」（7 CAR BASIC SET）

日本的關水金屬株式會社（股份有限公司）在2002年推出加藤「KATO」牌「N比例」鐵道模型的特急つばめ「青大將」7両基本セット（特急列車「燕」號「青大將」色塗裝基本組）內含七輛客車（品牌編號10-428），由上而下依序為

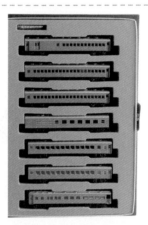

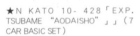

1號車 ス ハ ニ〈SUHANI〉35形3號 三等客車、附荷物室（行李室），座位數48位（每排4位、12排）。

2號車 ス ハ〈SUHA〉44形16號 三等客車，座位數80位（每排4位、20排）。

5號車 ス ハ〈SUHA〉44形32號 三等客車，座位數80位（每排4位、20排）。

8號車 オ シ〈OSHI〉17形1號 食堂車（餐車），座位數40位。左右兩邊各有5張四人座的餐桌。

9號車 ナ ロ〈NARO〉10形1號 特別二等客車，座位數48位（每排4位、12排）。

10號車 ナ ロ〈NARO〉10形8號 特別二等客車，座位數48位（每排4位、12排）。

12號車 マ イ テ〈MAITE〉39形21號 一等展望車

註：「燕」號特急列車的一般編組是12輛車，即上述7輛再加上5輛：**3號車 ス ハ〈SUHA〉44形、4號車 ス ハ〈SUHA〉44形、6號車 ナ ロ〈NARO〉10形、7號車 ナ ロ〈NARO〉10形、11號車 ナ ロ〈NARO〉10形**。如果做為最長編組是15輛車，即上述12輛再加上3輛：**增結5號車 ス ハ〈SUHA〉44形、增結10號車 ナ ロ〈NARO〉10形、增結11號車 ナ ロ〈NARO〉10形**。

3.第二期的第二階段：1960～1964年「東海道本線電車特急」

1960年（昭和35年）6月「燕」號旅客特急列車改用動力分散式的151系電力列車，包含食堂車共12節，並且將在此之前「燕」號列車最後一節的一等展望車廢止，東京車站到大阪車站的行車時間縮短為6小時30分。在新幹線開業前，「燕」號151系電力列車是當時速度最快的列車，頗受日本工商界人士的喜愛，因此成為最有人氣的旅客列車之一。

1959年7月27日～31日151系電力列車在東海道本線金谷至燒津間進行快速度試驗，31日在「藤枝」附近創下時速163公里當時窄軌鐵路的世界最快速度紀錄。

1962年（昭和37年）6月隨著山陽本線電化工事延到廣島市，「燕」號特急列車自東京車站到廣島車站每天有1次往返行車路程將近九百公里。

4.第二期的第三階段：1964～1975年「山陽本線‧鹿兒島本線電車特急」

1964年（昭和39年）10月東海道新幹線開業後，「燕」號特急列車為了銜接新幹線旅客運輸服務，將營運區間變更為從新大阪車站經山陽本線到九州的博多車站。

1965年（昭和40年）10月，「燕」號特急列車的營運區間變更為從名古屋車站到九州的熊本車站，同時改用交直流兩用的481系電力列車，因為山陽本線採用直流電、九州的鐵路電化系統採用交流電，可以節省在交接路段區加掛或解連交流電機關車的時間。

1972年（昭和47年）3月，山陽新幹線的岡山車站開業，「燕」號特急列車的營運區間變更為從岡山車站到九州的博多車站和熊本車站。

1973年（昭和48年）10月，「燕」號特急列車的營運區間延長到西鹿兒島車站（現名鹿兒島中央車站）。

1975年（昭和50年）3月，山陽新幹線延伸到博多，「燕」號特急列車廢止運轉。

CHAPTER.8
日本日本最豪華的夜行列車
—「北斗星」寢台特急列車

 ### 1.「北斗星」簡介

由北海道旅客鉄道（JR北海道）和東日本旅客鉄道（JR東日本）聯營，營運區間從東京都的「上野駅」至北海道首府的「札幌駅」，路線包含：

東北本線：東京都的「上野駅」～岩手縣盛岡市的「盛岡駅」

岩手縣的銀河鐵道線：「盛岡駅」～青森縣三戶郡三戶町的「目時駅」

青森鐵道線：「目時駅」～青森縣八戶市的「八戶駅」

東北本線：「八戶駅」～青森縣青森市的「青森駅」

津輕海峽線：「青森駅」～「中小国駅」（JR東日本津輕線的一部分）

津輕海峽線：「中小国駅」～木古内駅（JR北海道海峽線）

津輕海峽線：「木古内駅」～「五稜郭駅」（JR北海道江差線的一部分）

函館本線：「五稜郭駅」～「函館駅」、「函館駅」～「長万部駅」（JR北海道函館本線的一部分）

室蘭本線：「長万部駅」～「東室蘭駅」～「沼ノ端駅」（JR北海道室蘭本線的一部分）

千歲線：「沼ノ端駅」～「南千歲駅」～「札幌　」

全程1214.9公里，行車時間約需16小時。

平成20(2008)年3月15日起改正的現行時刻表

北斗星1號： 16:50自「上野」車站出發　隔日09:18抵達「札幌」車站

北斗星2號： 17:12自「札幌」車站出發　隔日09:41抵達「上野」車站

北斗星3號： 19:03自「上野」車站出發　隔日11:15抵達「札幌」車站

北斗星4號： 19:27自「札幌」車站出發　隔日11:19抵達「上野」車站

牽引機關車：

「上野－青森」區間使用EF81型電力機關車

「青森－函館」區間使用ED79型電力機關車

「函館－札幌」區間使用DD51型柴油發電機關車、採重連（即2輛連結）方式

客車：使用24系客車和24系25型客車

2.DD51型柴油發電機關車牽引「北斗星」 （HOKUTOSEI）寢台特急列車

「北斗星」號寢台特急列車結構（2008年3月15日至今）

1	2	3	4	5	6		7	8	9		10		11	12
B 客房 禁煙	B2	B2	B2	B1	B1	小交誼廳 沖浴室 自動販賣機 電話室	食堂車	A2	SA1	B1	SA1	B2	B	行李 包裹
							上野 <-> 札幌							

DD51型

柴油發電機關車牽引「北斗星」列車

日本的關水金屬株式會社推出加藤「KATO」牌N比例的DD51型柴油發電機關車

　　SA1是「A寢台1人用個室」（ロイヤルRoyal皇家套房）豪華套房附衛浴設備。「皇家套房」備有補助床可供兩人使用，兩人使用時需要「追加料金」（費用）。

第1號車	全部都是B亦即「2段式B寢台」，也就是「共用隔間」式（コンパートメントCompartment），有8個隔間，每個隔間左右各有2段式寢台（4人1間），乘客數32名。
第2、3、4號車	全部都是B2亦即「B寢台2人用個室」（デュエットDuet），有13個隔間（2人1間），每個隔間左右各有1段式寢台，分屬兩層，偶數（2、4、6、8、10、12，共6間）在上層，奇數（1、3、5、7、9、11、13號，共7間）在下層，乘客數26名。
第5號車	全部都是B1亦即「B寢台1人用個室」（ソロSolo）有17個隔間，（1人1間），分屬兩層，奇數（1、3、5、7、9、11、13、15、17號，共9間）在上層，偶數（2、4、6、8、10、12、14、16間，共8間）在上層，乘客數17名。
第6號車	稱為「ロビー室とソロの合造車」即「lobby交誼室和Solo單人用個室 的合併車」，本車有8個隔間（1人1間），分屬兩層，偶數（2、4、6、8號，共4間）在上層，奇數（1、3、5、7號，共4間）在下層，乘客數8名。
第7號車	是食堂車，一邊設置5張餐桌（每桌兩個座位），一邊設置5張餐桌（其中1張是兩個座位，其餘4張每桌4個座位），合計28個座位。
第8號車	全部都是A2亦即「A寢台2人用個室」（ツインデラックスTwin de luxe）豪華雙人房（上下2段式），有8個隔間，乘客數16名。
第9號車	是SA1「A寢台1人用個室」和B1「B寢台1人用個室」的合併車，1.2號兩間是SA1，4、6、8、10、12、14號（共6間B1）在上層，3、5、7、9、11、13號（共6間B1）在下層，乘客數14～16名。
第10號車	是SA1「A寢台1人用個室」和B2「B寢台2人用個室」的合併車，6號（1間B2）在上層，4、2號（2間B2）在上層，7、5號（2間B2）在下層，12、11號（2間SA1）3、1號（2間B2）在下層，乘客數16～18名。
第11號車	全部都是B亦即「2段式B寢台」，也就是「共用隔間」式（コンパートメントCompartment），有8個隔間，每個隔間左右各有2段式B寢台（4人1間），乘客數32名。

「B寢台1人用個室」（ソロSolo）
車廂，2008年王相勛拍攝。

❶

❺

❷

❻

❸

❹

❶ 北斗星列車之食堂車

❷ 北斗星列車最後一節：電源車

❸ 北斗星列車之食堂車內部

❹ 北斗星列車之標誌

❺ 北斗星列車之機關車EF81型93號

❺ 北斗星列車之寢台車內部

最著名及最有人氣的鐵路機關車及列車

4.★「JR TYPE 25-24SERIES SLEEPING CAR」（HOKUTOSEI TRAIN SET）

日本的關水金屬株式會社（股份有限公司）在1988年10月推出加藤「KATO」牌「N比例」模型鐵道的「JR 北海道24系25形金帶 北斗星」列車組，內含七輛客車。最大特徵就是車身外表兩側漆三條金色帶，為提升模型鐵道迷的購買慾（其實是為了和「TOMIX」牌的同款列車組拼人氣），「KATO」牌就在模型列車的每一節客車都裝置「室內燈」，先頭車的「頭燈、北斗星標誌燈」和尾車的「尾燈、北斗星標誌燈」以及餐車的「櫃燈」，當模型列車運轉時前述四款燈都會發亮，所以稱得上全世界「N比例」模型鐵道的最豪華版。當年本組一推出時，的確成為最搶手的熱門貨。

由上而下依序為：

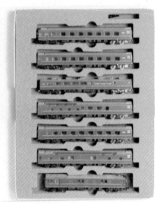

1.オハネフ（OHANEHU）25形8號，2段式B寢台（共用隔間式）緩急車（附車掌座位的守車）。

2.オハネ（OHANE）25形33號，2段式B寢台（共用隔間式）車。

3.スシ（SUSHI）24形501號，食堂車（餐車）。

4.スハネ（SUHANE）25形501號，交誼室和Solo單人用個室的合併車。

5.オロネ（ORONE）25形502號，A2「A寢台2人用個室」車。

6.オロハネ（OROHANE）25形552號，SA1「A寢台1人用個室」和B2「B寢台2人用個室」的合併車。

7.カニ（KANI）24形503號，電源荷物車（行李車）。

電源荷物車特寫

第一個片假名字

「ナ」〈NA〉表示車重27.5～32.5噸未滿

「オ」〈O〉表示車重32.5～37.5噸未滿

「ス」〈SU〉表示車重37.5～42.5噸未滿

「マ」〈MA〉表示車重42.5～47.5噸未滿

「カ」〈KA〉表示車重47.5噸以上

第二、三、四個片假名字

「ロ」〈RO〉表示グリーン車（green car相當於「First Class」頭等車）

「ハ」〈HA〉表示普通車

「ネ」〈NE〉表示寢台車

「シ」〈SHI〉表示食堂車（餐車）

「ユ」〈YU〉表示郵便車（郵務車）

「ニ」〈NI〉表示荷物車（行李車）

「フ」〈HU〉表示緩急車（附車掌室）

「ロネ」〈RO NE〉表示A寢台車

「ハネ」〈HA NE〉表示B寢台車

「ロハネ」〈RO HA NE〉表示A、B寢台合併車

最著名及最有人氣的鐵路機關車及列車

PART.3
鐵路機關車及列車之經典、
限量版模型

德國的「富來許曼」（Fleischmann）大
概自從1984年代起每年都會推出一款「HO比
例」和一款「N比例」限量珍藏版的「模型列
車」組。

德國的「富來許曼」（
Fleischmann）在1995
年推出「符滕堡邦鐵
道150周年」的「N比
例」限量珍藏版，包含
一輛機關車和三輛客
車，由上而下依序為：

上排：T9型1108號蒸
汽機關車

中排：兩軸的三等客車
「WN5」號、兩軸的
三等客車「WN4」號

下排：無蓋貨車、有蓋
廂型貨車、油罐車

150 Jahre Eisenbahnen in Württemberg (150 Years Railways in Württemberg).

Mixed passenger and goods train or GmP.

Epoch I, K.W.Sts.B.

Set comprises lok: T9.3 1108 (7822, green), 2-axle coaches; 2x III (8820K & 8821K), open wagon (8822K, green), box car (8823, brown) and oil tank (8824K, dark grey). [Additional items 8825K, 8826K & 8827.]

蒸汽機關車特寫

鐵路機關車及列車之經典、限量版模型

2★ Lufthansa Airport Express 「德國航空公司的機場快車」「N比例」
Limitierte Sonderserie 9351 Limited Edition Special

德國的「富來許曼」
（Fleischmann）在
1992年推出德航機場
快車的「N比例」限量
珍藏版，包含一輛機
關車和三輛客車，由
上而下依序為：

103型101-2號電力機
關車

開放式客車

隔間式客車

開放式客車

蒸汽機關車特寫

1

開放式客車特寫

2

隔間式客車特寫

3

開放式客車特寫

鐵路機關車及列車之經典、限量版模型

3★ Lufthansa Airport Express 「德國航空公司的機場快車」
「HO比例」Limitierte Sonderserie 6350 Limited Edition Special

德國的「富來許曼」（Fleischmann）在1992年推出德航機場快車的「HO比例」限量珍藏版，包含一輛機關車和三輛客車，由上而下依序為：

上排左：111型049-3號電力機關車

上排右：隔間式客車〈編號60 80 84-95 596-2〉

下排左：隔間式客車〈編號60 80 84-95 597-0〉

下排右：隔間式客車〈編號60 80 84-95 598-8〉

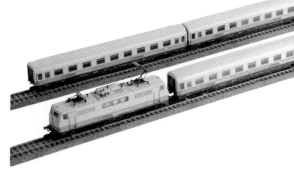

電力機關車特寫

1

隔間式客車特寫

2

隔間式客車特寫

3

隔間式客車特寫

鐵路機關車及列車之經典、限量版模型

4★ 1997 Limitierte Sonderserie 7894 Limited Edition Special
「普魯士榮光列車」「N比例」

德國的「富來許曼」（Fleischmann）在1997年推出「普魯士榮光列車」的「N比例」限量珍藏版〈Limitierte Sonderserie 7894〉，包含一輛機關車和五輛客車，由上而下依序為：

上排左：P10型2810號蒸汽機關車，上排右：行李車

下排左：三等客車，下排中：餐車，下排右：三、二、一等客車

Schnellzugset "Preußens Gloria" (Express-train "Prussia's Gloria").

Epoch I, K.P.E.V. / P.St.B.

Set comprises lok P10 2810 Elberfeld (7824, dark green and black transitional livery), baggage car (8840K, brown), coaches;

3rd (8843K, dark brown), Deutsche Eisenbahn Speisewagen (8841K, brown) and 1st/2nd/3rd (8842K, green & dark brown).

1

蒸汽機關車特寫

2

由左到右依序為蒸汽機關車、行李車、三等客車

3

餐車（左），三、二、一等客車（右）

鐵路機關車及列車之經典、限量版模型

5★ 1998 Limitierte Sonderserie 7895 Limited Edition Special
長途列車「商業守護神」號「N比例」

德國的「富來許曼」（Fleischmann）在1998年紀念德意志聯邦鐵道的長途列車「商業守護神」號營運第50周年（F-Zug der 50er Jahre "Merkur" Long Distance Train）推出限量珍藏版的「N比例」第三代〈Epoche III〉列車組。包含一輛機關車和三輛客車，由上而下依序為：

第一排：01型1080號（NO.01 1080）蒸汽機關車

第二排：漆藍色的二等長途隔間式客車

第三排：漆紅色的餐車

第四排：漆藍色的二等長途隔間式客車

註：德意志聯邦鐵道的長途列車班次F3/4「商業守護神」號在1951年開始營運，營運區間從德國西南部的司徒嘉特（Stuttgart）到北部的港都─漢堡（Hamburg）的阿爾托那（Altona）車站。

F-Zug "Merkur". [Long Distance express passenger train of the DB.]

Epoch III, DB.

Set comprises lok BR 01.10 (7825, black), express passenger coaches AB4ü-36/52 (8850K, blue), Speisewagen WR4üe (8851K, red) and AB4ü-36/52 (8852K, blue). [Additional Fernschnellzug-Gepäckwagen Pw4ü-37 (8853K, blue).]

1

蒸汽機關車與二等長途隔間式客車

2

餐車與二等長途隔間式客車

3

蒸汽機關車特寫

鐵路機關車及列車之經典、限量版模型

6★ 1999 Limitierte Sonderserie 93 7320 Limited Edition Special 「德意志聯邦鐵道的貨物列車組」「N比例」

30 Jahre N «piccolo»: DB-Cargo-Zugset

德國的「富來許曼」（Fleischmann）在1999年紀念該公司製作「N比例」模型鐵路車輛30周年，發行限量珍藏版的「德意志聯邦鐵道的貨物列車組」。包含一輛機關車和四輛貨車，由上至下依序為：

上排：145型001-4號電力機關車

中排左：頂蓋可以滑動貨車

中排右：無蓋貨車

下排左：40英尺長貨櫃平台車，載著MAERSK船公司貨櫃

下排右：可以自動卸載漏斗式貨車

---

30 Jahre N <<piccolo>>:- "DB-Cargo-Zugset" .

30 years of N <<piccolo>> "DB-Cargo-Train set"

Epoch IV, DB.

The Class 145 electric locomotive , with changing headlights, is suitably accompanied by one sliding –wall van（type Hbillns 303）one open goods truck（type Eaos 106）

one container wagon（type Sgns 691）with a 40' -container of the firm of "MAERSK" one self-unloading hopper wagon（typeTds 928）

1

電力機關車與頂蓋可以滑動的貨車

2

無蓋貨車、40英尺長貨櫃平台車、可自動卸載漏斗式貨車

3

電力機關車特寫

鐵路機關車及列車之經典、限量版模型

7★ 1999 Limitierte Sonderserie 93 8240 Limited Edition Special
「N比例」模型鐵路車輛30周年──「40英尺長貨櫃平台車彩繪組」

德國的「富來許曼」（Fleischmann）在1999年紀念該公司製作「N比例」模型鐵路車輛30周年，發行限量珍藏版的「30JAHRE N《piccolo》40英尺長貨櫃平台車彩繪組」，包含兩輛貨櫃平台車。左邊一輛的左側是1969年7月20日美國太空人阿姆斯壯（Neil Armstrong）登上月球的紀念照片（人類首次登上月球成功）、右側是1969年該公司製作「N比例」德意志聯邦鐵道的BR50型蒸汽機關車（照片），右邊一輛的左側是1969年該公司製作「N比例」德意志聯邦鐵道的BR50型蒸汽機關車（彩繪圖）、右側是1999年該公司製作「N比例」德意志聯邦鐵道的ICE都市間高速快車的先頭車（彩繪圖）。

FLEISCHMANN 7182 DB（Deutsche Bundesbahn之簡稱German Federal Railway）BR50 tender 1-5-0 (N scale) steam locomotive for pulling freight train in black and red livery. Tender is equipped with workmen cabin located at the middle, complete with inset windows.

「富來許曼」產品編號7182 德意志聯邦鐵道的BR50型附炭水車式、1軸導輪-5軸動輪-0軸從輪（N比例）蒸汽機關車，牽引貨物列車之用，漆黑、紅色。炭水車的中間位置裝設工作員室，完全內裝玻璃。

8★ 1996 Limitierte Sonderserie 7893 Limited Edition Special 「普魯士貨物列車」「N比例」

德國的「富來許曼」（Fleischmann）在1996年推出「普魯士貨物列車」的「N比例」限量珍藏版，包含一輛機關車和五輛貨車，由上而下依序為：

上排：T16型8177號蒸汽機關車

中排：附守望台有柵柱平台車、附守望台有蓋廂型貨車

下排：無蓋貨車、有蓋廂型貨車、液態桶裝車

Preußischer Güterzug (Prussian Goods train).

Epoch I, K.P.E.V.

Set comprises lok T16.1 8177 Trier [no coal bunker extension] (7823, green), bogie stake wagon (8832K, black & brown), box car (8830K, brown), open wagon (8834K, brown), box car (8833K, off white) and chemical wagon (8831K, brown).

鐵路機關車及列車之經典、限量版模型

9★ 2000 Limitierte Sonderserie 7897 Limited Edition Special
「德意志國家鐵道加速旅客列車」「N比例」

FLEISCHMANN N «piccolo»　　　　Limitierte Sonderserie **7897**

"80 Jahre Deutsche Reichsbahn – Beschleunigter Personenzug"

1920年4月1日德國各邦鐵道合併成立德意志國家鐵道，在2000年「富來許曼」（Fleischmann）　紀念「德意志國家鐵道加速旅客列車」（相當於台灣鐵路早期的『平快列車』、日本國有鐵道的『準急』）運轉80周年，推出德國第二代〈Epoche II〉鐵路車輛的「N比例」限量珍藏版，包含一輛機關車和五輛客車，上排由至右、下排由左至右依序為：

依序為：

「39 0-2」型105號蒸汽機關車

「Pw Posti」型行李郵務車

「CD 3itr」三、四等型客車

「Di」型三等客車

「BC 4」型二、三等隔間式客車

「C-4」型三等隔間式客車

" 80 Jahre Deutsche Reichsbahn-Beschleunigter Personenzug"

" 80 Years German Nation Railway Accelerated Passenger Train"

Epoch II, DR. Depicting the amalgamation of the Landerbahn into the DR on the 1st April, 1920.

Set comprises lok BR 39 0-2 39 105 (7827, dark green and black transitional livery), 2-axle post car (8870K), 3-axle 3rd/4th (8871K), 2-axle 3rd, compartments 2nd/3rd (8873K) and 3rd (all green). Additional item 8875K 3-axle 4th.

1

蒸汽機關車，行李郵務車，三、四等型客車，三等客車

2

二、三等隔間式客車，三等隔間式客車

3

10★ 2001 Limitierte Sonderserie 7802 Limited Edition Special
「都市間快車」營運30周年「N比例」

FLEISCHMANN 7802
N «piccolo»
„30 Jahre InterCity"
Limitierte Sonderserie

德國的「富來許曼」（Fleischmann）在2001年紀念德意志聯邦鐵道的「都市間快車」營運30周年（30 Jahre Inter City）發行限量珍藏版的「N比例」列車組。包含一輛機關車和四輛客車，由上而下依序為：

103型110-3號電力機關車

漆藍色的一等長途客車

「TEE」穿越歐洲快車標準塗裝的餐車

漆藍色的一等長途客車

" 30 Jahre InterCity "　　" 30 Years Inter City "

Epoch IV, DB.

Set comprises BR 103, 3x InterCity coaches

1

電力機關車、一等長途客車

2

餐車、一等長途客車

3

鐵路機關車及列車之經典、限量版模型

11★ 2002 Limitierte Sonderserie Limited Edition Special 「Spur HO 50Jahre」 「HO scale 50years」 1952-2002「HO比例」 模型鐵路車輛50周年—「39 0-2」型2811號蒸汽機關車

德國的「富來許曼」（Fleischmann）在2002年紀念該公司製作「HO比例」模型鐵路車輛50周年，發行限量珍藏版的「39 0-2」型2811號蒸汽機關車〈銅製金屬車身〉。

註：「39 0-2」型在1922至1927年共生產260輛交給德意志國家鐵道，原本設計做為牽引重貨快車，後來也做為牽引旅客快車，軸配方式1-4-1，一軸導輪、四軸動輪、一軸從輪，前進時最高時速110公里、後退時最高時速50公里，直到1967年還在德意志聯邦鐵道運轉。

12★「迷你翠克斯」40周年—「N比例」舊式貨物車

德國的模型鐵道製造商「迷你翠克斯」（MINITRIX）紀念該公司成立40周年，在1999年推出一款「N比例」限量珍藏版的舊式貨物車，車頂漆黃金色。

「N比例」舊式貨物車盒裝外貌

「N比例」舊式貨物車特寫

13★「里維拉‧那波里」豪華快車
「RIVIERA NAPOLI EXPRESS」Luxuszüge

營運期間1933年～1939年。RIVIERA原指法國東南部延伸到義大利西北部瀕地中海的避寒海岸，後來引申為休閒渡假海岸之意。

「阿諾德」（ARNOLD）廠牌在2001年推出「N比例」豪華版五輛車組的「里維拉‧那波里」快車包含：

上排：德國國家鐵道的01型蒸汽機關車（DR steam locomotive type 01）

中左：一輛國際寢台車公司的行李車（one CIWL luggage van）

中右：一輛國際寢台車公司的寢室車（three CIWL coaches）

下排：兩輛國際寢台車公司的寢室車（three CIWL coaches）

1

蒸汽機關車、國際寢台車公司的行李車、寢室車

2

兩輛國際寢台車公司的寢室車

3

「里維拉‧那波里」豪華快車的營運主線由荷蘭的阿姆斯特丹（from AMSTERDAM）或德國柏林（from BERLIN）經瑞士的巴塞爾（via BASEL）、到達米蘭（to MILANO），支線之一：經羅馬（via ROMA）、到達那波里（to NAPOLI行車時間31小時），支線之二：經熱諾瓦（via GENOVA）、到達拉帕羅（to RAPALLO行車時間22小時）或法國的坎城（to CANNES行車時間28小時）。

14★ ARNOLD「莫札特」快車 Express " Mozart "

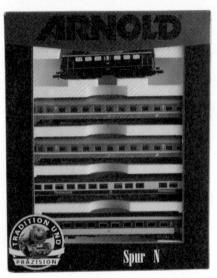

ARNOLD「莫札特」快車盒裝外貌

「阿諾德」（ARNOLD）廠牌在2001年推出「Spur N比例」（豪華版）五輛車組的「莫札特」（奧地利最著名的音樂家）快車 Express" Mozart"：electric loco type 110 of the DB，two EUROFIMA passenger cars 2nd class of the ÖBB, one restaurant car of the DB and one 2nd class passenger car type Corail of the SNCF.

包含：德國鐵道的110型電力機關車

兩輛奧地利聯邦鐵道的「歐洲運轉車輛財經公司」2等客車

一輛德國鐵道的餐車

一輛法國國家鐵路的「珊瑚」級2等客車

註：Corail 取自「comfort舒適」及「rail鐵路」合組而成，corail在法文是珊瑚之意（英文稱為coral）。法國國家鐵路當局在1975年將「珊瑚」級客車納入營運，做為法國或歐洲主要都市間的長程客運列車。車內有空調設備、座椅舒適美觀、車窗車門有良好的隔音設備，台車裝置避震系統可以適應高速（時速160至200公里）運轉。車身長26.4公尺，車寬2.825公尺，車重42噸。二等客車有80或88個座位，一等客車有54或60個座位，餐車有44個座位。

15★ ARNOLD「莫札特」列車的補充組
Complementary set for the "Mozart" train

左：奧地利聯邦鐵道的「歐洲運轉車輛財經公司」1等客車

右：奧地利聯邦鐵道的「歐洲運轉車輛財經公司」2等客車

註：EUROFIMA 是德文Europäische Gesellschaft zur Finanzierung von rollendem Material的簡稱。

ARNOLD「莫札特」列車的補充組盒裝外貌

16★ 30 years of「KATO」N scale Limited Edition Special
「1965～1995鉄道模型N誕生30周年記念製品」
BLUE TRAIN「ASAKAZE」「朝風」號藍色寢台列車

日本的關水金屬株式會社在1965年首次推出加藤「KATO」牌「N比例」鐵道模型的「C50とオハ31系」（C50蒸汽機關車和【オハOHA】31系客車），繼德國的「阿諾德」和「迷你翠克斯」之後，當時成為世界上第三間生產「N比例」鐵道模型的廠商。該公司在1995年推出「1965～1995鉄道模型N誕生30周年記念製品」限量珍藏版，包含一輛電力機關車和五輛20系特急型客車所組成的「朝風」（あさかぜASAKAZE）號藍色寢台列車（BLUE TRAIN夜行臥舖長途列車），客車的最大特徵是車身外表兩側漆三條金色帶，模型列車長度81.5公分。內容由上而下依序為：

1.EF65-500型電力機關車。

2.カニ〈KANI〉21-30型電源荷物車（行李車）。

「朝風」號藍色寢台列車彩繪盒裝外貌

3.ナロネ〈NARONE〉21-30型一等寢台（臥舖）客車，車內有兩段式寢台（臥舖）分別設置於中間通道的左右兩邊，車內共有28人份寢台（臥舖），白天成為開放式座位客車。

4.ナシ〈NASHI〉20-30型食堂車（餐車），車內有10張餐桌（左右邊各5張），每張餐桌有4個座位，所以車內共有40個座位。

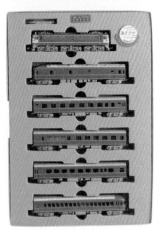

5ナハネ〈NAHANE〉20-30型二等寢台（臥舖）客車，車內有9個隔間，每個隔間內左右各有一組三段式寢台，所以車內共有54人份寢台（臥舖）。

6.ナハフ〈NAHAHU〉20-30型二等座席緩急車（附車掌室），固定開放式座位客車，後端附展望室，乘客60名。

電力機關車特寫

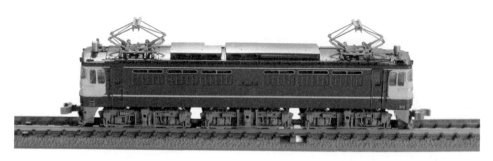

電源行李車特寫

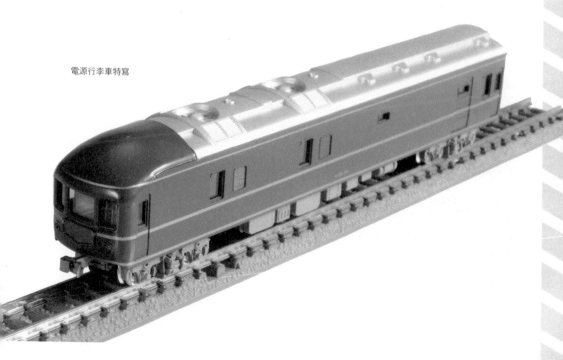

註：

「朝風」號藍色寢台特急列車自1958年10月1日起使用20系客車，開始投入東京至博多間的營運。1976年（昭和51年）8月「あさかぜ51号」改用24系25形客車，至2005年2月28日發出最後一班後全部列車廢止。

20系客車自1958年起至1970年（昭和45年）為止，合計製造了16形式473輛，主要做為本州‧九州間長距離寢台特急列車之用。

M.J.鐵道模型
阿立圓山玩具模型社

店面介紹

專營鐵道模型相關產品

交通便利，距台北捷運淡水線圓山站一號出口僅50公尺（機車停車場旁）

店面內有展示場景，歡迎參觀選購

店長介紹

玩家出身的專業店長，可以解決您對火車模型的各種需求

營業項目包括：專業鐵道模型買賣、火車頭數位改裝保養、展示場景代工訂製

您的各式需求我們都盡力完成！

聯絡方式

店家名稱：阿立圓山玩具模型社

聯絡電話：(02)25859491; 0930477901

傳真號碼： (02) 25859491

公司地址：103台北市酒泉街10巷19號

M.J.網站： http://www.mjmodelrailroad.com/

PChome：http://store.pchome.com.tw/alitrains/

作者—王華南學經歷

出生：1949年生於台北市

籍貫：台灣雲林縣西螺鎮

學歷：台北市成功高級中學畢業，國立台灣大學商學系銀行組畢業，

國立台灣師範大學鄉土語言教學支援人員培訓班結業

經歷：華南商業銀行國外部科長、副理，板信商業銀行國外部經理退休

經常受台北市各扶輪社邀請做各項專題演講

現任：台北市吉林、日新、建安國小台語老師

台北市基督教長老教會松年大學台灣鄉土史及台語講師

集郵經歷：曾任兩屆國立台灣大學集郵筆友社社長

第一屆大專青年郵展第二名

1995年榮獲「全國郵展」鍍金牌獎、專題郵集特別獎

1996年榮獲「郵政百週年高雄國際郵展」鍍金牌獎

1996年榮獲「加拿大（世界級）國際郵展CAPEX'96」銀銅牌獎

多次參加各地方性郵展，以及接受台北市交通博物館、郵政博物館之邀請展出各種專題性郵集，郵政總局舉辦之集郵研習營專題講師。

收藏鐵道模型：已超過三十年，曾於新生國小藝術季展出鐵道模型收藏並做動態展示，個人正在籌備「迷你鐵道博物館」

著作：現於「國語週刊」、「幼獅少年」、「今日郵政」撰寫郵票專欄

並且在「國語青少年月刊」連載「世界鐵路專題郵票」

1982年出版「軍事郵票集錦」

1989年出版「古意盎然話台語」、1992年出版「實用台語詞彙」、

1998年出版「台語入門新階」、2004年出版「簡明台語漢字音典」

2005年〈高談文化〉出版「郵票中的秘密花園」

2006年〈高談文化〉出版「聽音樂家在郵票裡說故事」

2006年〈高談文化〉出版「從郵票中看中歐的景觀與建築」

2007年〈高談文化〉出版「愛說台語五千年」〈用台語解讀漢字聲韻〉

2007年〈高談文化〉出版「講台語過好節」〈台灣古早節慶與傳統美食〉

2007年「聽音樂家在郵票裡說故事」榮獲新聞局「最佳著作人獎」入圍

「E-MAIL」電子信箱：onghualam1949@yahoo.com.tw

更多最新的高談文化、序曲文化、華滋出版新書與活動訊息請上網查詢
www.cultuspeak.com.tw 網站
www.wretch.cc/blog/cultuspeak 部落格

★高談文化美學館

0	佩姬‧古根漢	佩姬‧古根漢	220
2	你不可不知道的300幅名畫及其畫家與畫派	高談文化編輯部	450
3	面對面與藝術發生關係	藝術世界編輯部	320
6	我的美術史	魏尚河	420
7	梵谷檔案	肯‧威基	300
9	你不可不知道的100位中國畫家及其作品（再版中）	張桐瑀	480
11	郵票中的祕密花園	王華南	360
14	對角藝術	文：董啟章 圖：利志達	160
15	少女杜拉的故事	佛洛伊德	320
19	你不可不知道的100位西洋畫家及其創作	高談文化編輯部	450
20	從郵票中看中歐的景觀與建築	王華南	360

★高談文化音樂館

0	尼貝龍根的指環	蕭伯納	220
1	卡拉絲	史戴流士‧加拉塔波羅斯	1200
5	洛伊-韋伯傳	麥可‧柯凡尼	280
6	你不可不知道的音樂大師及其名作 I	高談文化編輯部	200
7	你不可不知道的音樂大師及其名作 II	高談文化編輯部	280
8	你不可不知道的音樂大師及其名作 III	高談文化編輯部	220
9	文話文化音樂	羅基敏、梅樂瓦	320
13	剛左搖滾	吉姆‧迪洛葛迪斯	450
14	你不可不知道的100首交響曲與交響詩	高談文化編輯部	380
17	杜蘭朵的蛻變	羅基敏、梅樂瓦	450
18	你不可不知道的100首鋼琴曲與器樂曲	高談文化編輯部	360
19	你不可不知道的100首協奏曲及其故事	高談文化編輯部	360
20	你不可不知道的莫札特100首經典創作及其故事	高談文化編輯部	380
21	聽音樂家在郵票裡說故事	王華南	320
22	古典音樂便利貼	陳力嘉撰稿	320
23	「多美啊！今晚的公主！」──理查‧史特勞斯的《莎樂美》	羅基敏、梅樂瓦編著	450

高談文化

★高談文化音樂館

★高談文化時尚館

★高談文化生活美學

★高談文化TRACE

0	文人的飲食生活（上）	嵐山光三郎	250
0	文人的飲食生活（下）	嵐山光三郎	240
0	愛上英格蘭	蘇珊‧艾倫‧透斯	220
1	千萬別來上海	張路亞	260
2	東京‧豐饒之海‧奧多摩	董啟章	250
5	穿梭米蘭昆	張劍維	320
6	體育時期(上學期)	董啟章	280
6	體育時期(下學期)	董啟章	240
6	體育時期(套裝)	董啟章	450
7	十個人的北京城	田茜、張學軍	280
9	書‧裝幀	南伸坊	350
10	我這人長得彆扭	王正方	280
12	城記	王軍	500
13	千萬別去埃及	邱竟竟	300
14	北大地圖	龐洵	260
15	清華地圖	龐洵	260
22	音樂與文學的對談──小澤征爾vs大江健三郎	小澤征爾、大江健三郎	280
23	柬埔寨：微笑盛開的國度	李昱宏	350
24	冬季的法國小鎮不寂寞	邱竟竟	320
25	泰國、寮國：質樸瑰麗的萬象之邦	李昱宏	260
26	越南：風姿綽約的東方巴黎	李昱宏	240

★高談文化森活館

1	我買了一座森林	C. W. 尼可（C.W. Nicol）	250
2	狸貓的報恩	C. W. 尼可（C.W. Nicol）	330
3	TREE	C. W. 尼可（C.W. Nicol）	260
4	森林裡的特別教室	C. W. 尼可（C.W. Nicol）	360
5	野蠻王子	C. W. 尼可（C.W. Nicol）	300
6	吃出年輕的健康筆記	蘇茲‧葛蘭	280
7	森林的四季散步	C. W. 尼可（C.W. Nicol）	350
8	獵殺白色雄鹿	C. W. 尼可（C.W. Nicol）	360
9	製造，有機的幸福生活	文/駱亭伶 攝影/何忠誠	350

★高談文化環保文學

1	威士忌貓咪	C.W.尼可（C.W. Nicol）、森山徹	320
2	看得見風的男孩	C.W.尼可（C.W. Nicol）	360
3	北極烏鴉的故事	C.W.尼可（C.W. Nicol）	360

★高談文化廣角智慧

| 1 | 愛說台語五千年──台語聲韻之美 | 王華南 | 320 |
| 2 | 講台語過好節──台灣古早節慶與傳統美食 | 王華南 | 320 |

★高談文化古典智慧

1	教你看懂史記故事及其成語(上)	高談文化編輯部	260
2	教你看懂史記故事及其成語(下)	高談文化編輯部	260
3	教你看懂唐宋的傳奇故事	高談文化編輯部	220
4	教你看懂關漢卿雜劇	高談文化編輯部	220
5	教你看懂夢溪筆談	高談文化編輯部	220
6	教你看懂紀曉嵐與閱微草堂筆記	高談文化編輯部	180
7	教你看懂唐太宗與貞觀政要	高談文化編輯部	260
8	教你看懂六朝志怪小說	高談文化編輯部	220
9	教你看懂宋代筆記小說	高談文化編輯部	220
10	教你看懂今古奇觀(上)	高談文化編輯部	340
11	教你看懂今古奇觀(下)	高談文化編輯部	320
10.11	教你看懂今古奇觀(套裝)	高談文化編輯部	490
12	教你看懂世說新語	高談文化編輯部	280
13	教你看懂天工開物	高談文化編輯部	350
14	教你看懂莊子及其寓言故事	高談文化編輯部	320
15	教你看懂荀子	高談文化編輯部	260
16	教你學會101招人情義理	吳蜀魏	320
17	教你學會101招待人接物	吳蜀魏	320
18	我的道德課本	郝勇 主編	320
19	我的修身課本	郝勇 主編	300
20	我的人生課本	郝勇 主編	280

21	教你看懂菜根譚	高談文化編輯部	320
22	教你看懂論語	高談文化編輯部	280
23	教你看懂孟子	高談文化編輯部	320

★高談文化旅遊

世界博物館之旅

義大利博物館之旅	高談文化編輯部	300
美國博物館之旅	高談文化編輯部	300
英國、西班牙博物館之旅	高談文化編輯部	300
德國、尼德蘭博物館之旅	高談文化編輯部	300
俄國、東歐、中歐博物館之旅	高談文化編輯部	300
日本博物館之旅	高談文化編輯部	260

深度探索旅行系列

| 中國十大名城 | 高談文化編輯部 | 260 |

世界旅行指南

中國大陸	高談文化編輯部	190
泰、緬、馬來西亞	高談文化編輯部	170
日本	高談文化編輯部	190
韓國	高談文化編輯部	190
印度、尼泊爾、斯里蘭卡	高談文化編輯部	190
美國西部	高談文化編輯部	170
加拿大、阿拉斯加	高談文化編輯部	190
中南美洲	高談文化編輯部	210
中東、近東	高談文化編輯部	210
希臘	高談文化編輯部	170
義大利北部	高談文化編輯部	170
法國北部	高談文化編輯部	210
法國南部	高談文化編輯部	170
德國	高談文化編輯部	220
英國	高談文化編輯部	170
瑞士、奧地利	高談文化編輯部	170
西班牙、葡萄牙	高談文化編輯部	170

	荷、比、盧	高談文化編輯部	210
	北歐	高談文化編輯部	190
	獨立國協	高談文化編輯部	210
	出國須知	高談文化編輯部	150
	世界玩家護照	高談文化編輯部	199
中國旅行指南			
1	北京	田村編輯	220
2	上海	張榮編輯	190
3	杭州	編輯部	220
4	南京	許東昇編輯	220
5	西安	編輯部	220
6	廈門	揚恩編輯	220
7	成都	林文碧編輯	220
8	桂林	編輯部	220
9	瀋陽	張榮編輯	220
10	廣州	趙朵朵編輯	220
11	山東	楊恩編輯	220
12	山西	張榮編輯	180
13	河南	趙朵朵編輯	170
14	安徽	張榮編輯	200
15	湖南	趙朵朵編輯	170
16	湖北	趙朵朵編輯	190
17	江西	楊恩編輯	180
18	吉林・黑龍江	張榮編輯	260
19	雲・貴・西	編輯部	220
20	甘・蒙・新	張榮編輯	240

★信實文化STYLE

1	不是朋友，就是食物	殳俏	280
2	帶我去巴黎	邊芹	350
4	親愛的，我們婚遊去	曉瑋	350
4	騷客・狂客・泡湯客	嵐山光三郎	380

華誌文化

大連・新京間特急 "あじあ"
Dairen-Hsinking Limited Express "Asia."

大連・新京間特急 "あじあ" 「亞細亞號」特快列車。

特急 "あじあ" 食堂車
Interior of Dining Car, attached to Limited Express "Asia."

特急 "あじあ" 食堂車 (「亞細亞號」特快列車的餐車)。

"あじあ"展望室和後部標識（右下四方形）。

萬客迎送する奉天驛前大廣場（瀋陽車站前廣場）。

View of Hsinking Station, Hsinking. （新京）新京驛の麗觀

新京驛の麗觀（長春車站）。

哈爾濱驛

滿州國時代的哈爾濱驛（車站），在俄國控制的東清鐵道時期興建，俄國式建築，車站前面牌樓的車站名刻著俄文的哈爾濱「Харбин」。

150 JAHRE DEUTSCHE EISENBAHNEN 1835–1985

德國鐵路150周年紀念，1985年鷹號蒸氣機關車牽引客車。

由「169 003-1」及「169 005-6」型電力機關車牽引的萊因金特快列車。

C62型1號蒸汽機關車，2008年3月攝於「梅小路蒸氣機關車館」。

DD51型柴油發電機關車牽引「北斗星」（HOKUTOSEI）寢台特急列車。

南非鐵道的行銷宣傳照片。

羅馬尼亞（ROMANA）1983年12月30日發行的東方快車一百周年紀念小全張。

獅子山（SIERRA LEONE）2000年1月15日發行的東方快車紀念小全張，圖案主題是著名舞孃瑪塔・哈莉的華豔裝扮。

獅子山（SIERRA LEONE）2000年1月15日發行的東方快車紀念小全張，圖案主題是英國女作家阿嘉莎・克莉絲緹。

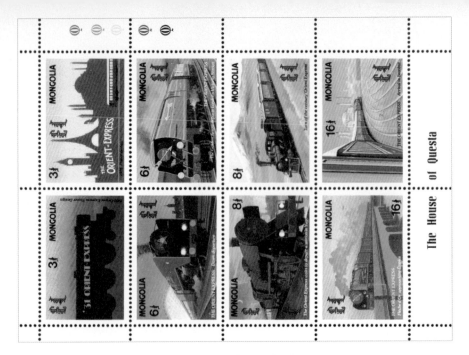

蒙古（MONGOLIA）1992年5月24日發行的東方快車紀念小版張。
從倫敦出發，經多佛、加來、巴黎、南斯拉夫，抵達伊斯坦堡。

蒙古（MONGOLIA）1992年5月24日發行的東方快車紀念小全張。
國際寢車及大歐洲快車公司所屬的客車。

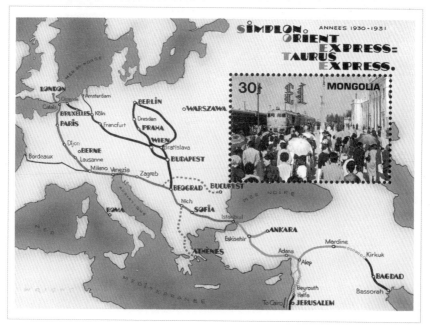

蒙古（MONGOLIA）1992年5月24日發行的東方快車紀念小全張。
1930-1931年東方快車營運路線圖。

尚比亞（ZAMBIA）2004年為紀念蒸汽機關車發明200周年發行的小全張。
圖案主題是東方快車的豪華餐車內部乘客用餐情景。

烏干達（UGANDA）1996年4月15日發行的懷念東方快車專題郵票，採用迪士尼卡通人物。
50西令的主題：從倫敦到康斯坦丁堡經由卡來。

烏干達（UGANDA）1996年4月15日發行的懷念東方快車專題郵票，採用迪士尼卡通人物。
100西令的主題：從巴黎到雅典。

烏干達（UGANDA）1996年4月15日發行的懷念東方快車專題郵票，採用迪士尼卡通人物。
150西令的主題：豪華寢室客車的查票。

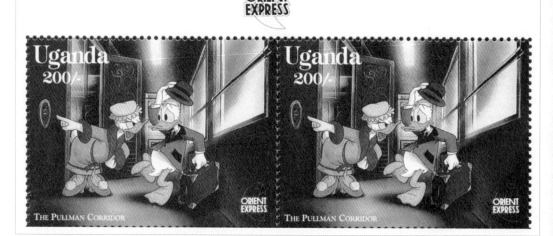

烏干達（UGANDA）1996年4月15日發行的懷念東方快車專題郵票，採用迪士尼卡通人物。
200西令的主題：豪華寢室客車的通道。

烏干達（UGANDA）1996年4月15日發行的懷念東方快車專題郵票，採用迪士尼卡通人物。
250西令的主題：餐車。

烏干達（UGANDA）1996年4月15日發行的懷念東方快車專題郵票，採用迪士尼卡通人物。
300西令的主題：服務人員名聲卓越。

烏干達（UGANDA）1996年4月15日發行的懷念東方快車專題郵票，採用迪士尼卡通人物。
600西令的主題：在豪華寢室客車內嬉戲。

烏干達（UGANDA）1996年4月15日發行的懷念東方快車專題郵票，採用迪士尼卡通人物。
700西令的主題：1901年一煞不住的列車衝入法蘭克福車站的餐廳。

烏干達（UGANDA）1996年4月15日發行的懷念東方快車專題郵票，採用迪士尼卡通人物。
800西令的主題：1929年通路被暴風雪耽擱五天。

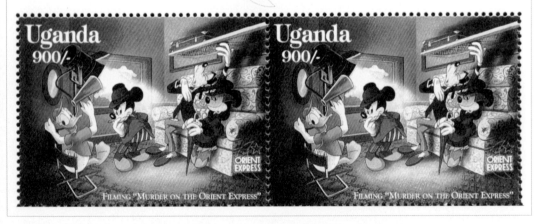

烏干達（UGANDA）1996年4月15日發行的懷念東方快車專題郵票，採用迪士尼卡通人物。
900西令的主題：拍攝「東方快車謀殺案」影片。

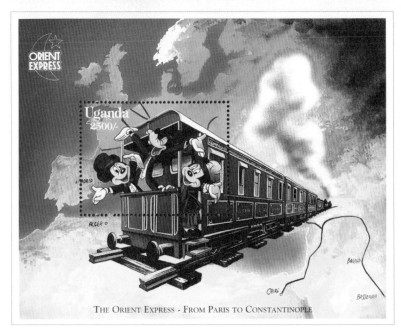

烏干達（UGANDA）1996年4月15日發行的懷念東方快車專題郵票，採用迪士尼卡通人物。
2500西令的主題：東方快車－從巴黎到康斯坦丁堡。

烏干達（UGANDA）1996年4月15日發行的懷念東方快車專題郵票，採用迪士尼卡通人物。
2500西令的主題：東方快車－從巴黎到康斯坦丁堡。

賴索托（LESOTHO）1993年9月24日發行的小全張，圖案主題是南非鐵道在1969年製造的6E級電力機關車，車身漆成青藍色的是牽引「青藍列車」的機關車。

賴索托（LESOTHO）1980年10月20日發行的世界之鐵道專題小全張，圖案主題是1972年南非鐵道由電力機關車牽引的青藍列車。

賴索托（LESOTHO）1996年9月1日發行的小版張，圖案以世界著名高速列車為主題，其中位於右排中間的圖案主題是南非的青藍列車。

南非在1983年4月27日發行的蒸汽機關車郵票，面值20分的原圖卡，郵票上蓋1983年4月27日發行首日郵戳。

南非在1983年4月27日發行的蒸汽機關車郵票，面值40分的原圖卡，郵票上蓋1983年4月27日發行首日郵戳。

德國1970年6月6日攝影的「601型007-8號」柴油動力特快列車組。

布吉納‧法索（BURKINA FASO）在1986年2月10日發行的德國鐵道創立150周年紀念小全張。

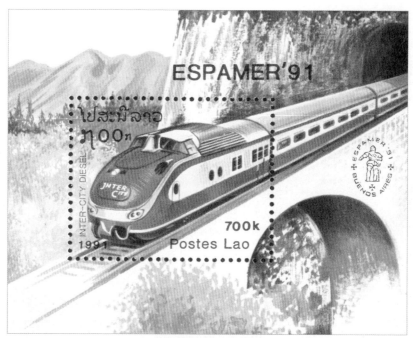

寮國（LAO）在1991年6月30日發行，主題是1971年德國聯邦鐵道將「601型」做為第一等都市間特快列車正從隧道出來經過拱橋。

德意志聯邦郵政在1975年4月15日發行的青少年附捐郵票，圖案主題是218型柴油動力機關車。
圖卡是218型410-9號柴油動力機關車牽引穿梭歐洲快車「TEE」停在慕尼黑鐵路總站，右下方蓋
1978年10月29日在慕尼黑舉辦的郵展紀念戳。

1988年5月29德國ICE試車，圖片右下正拍到一家人在護牆邊觀看測試列車快速通過，左下蓋
「司圖加特STUTTGART」郵戳，紀念司徒加特至曼海姆的新建路線開通。